災害多発時代の今だからこそ

地球の恵みに感謝!!

素晴らしい地球のシステム

【増補改訂第2版】

森永速男
片尾　浩
山本鋼志

ふくろう出版

はじめに

「地球の科学はおもしろい！ また人類は地球で生きているのだから、地球のことをもっと知るべきだと思う。・・・（中略）・・・私が伝えたい地球に関して最低限知っていて欲しいこと＝地球のしくみのおもしろさや素晴らしさがこの本には書かれている。是非、読んで地球の素晴らしさを再認識して欲しい。そして、**地球の恵みに感謝!!**」 これは2008年の【初版】発行時の「**はじめに（Introduction）**」に書いた文章である。

この思いは今も変わらない。その後、2011年には「東日本大震災」とそれに伴う「福島第1原子力発電所事故」が起こった。そのため、「地球の営みの素晴らしさ」のみならずその背後にある「自然災害（地球の営み）」の脅威や残酷さについても伝える必要性を感じるようになった。将来またどこかで、多くの犠牲者を出すような地球の営み（自然災害）が起こるであろう。それに対して、正しい理解に基づいて対処できるように、新たに伝えたいこと（地球の営みとのつきあい方）を加えたのが、2013年発行の【増補改訂版】だった。

【増補改訂版】では、東北地方太平洋沖地震（東日本大震災）と同じ海溝型地震である南海トラフで起こると予想されている巨大地震（東海・東南海・南海地震）についても知ってもらいたいと考え、新たにいくつかの文章を書き加えた（Chapter 4）。また、福島第1原子力発電所事故は私たちに色んな問題を突きつけた。放射性物質による放射線の被曝、放射性物質の拡散とそれに関連

する風評被害、そして電気を原子力に依存した政策やライフスタイルのあり方など、地球の純粋な営みとは異なる次元での問題である。これらの問題の多くは、放射線に対する理解が足りないことから起こっていると考え、できるだけかみ砕いて放射線について書き加えた（Chapter 12）。また、この事故は私たちが依存している電気エネルギーに関する重要な問題も提起している。この電気の取り出し方（発電方法）とそれに関連している気候変動について、つまりエネルギー問題についての考えや提案を書き加えた（Chapter 10）。その結果、初版の中で相対的に重要でないと思われる章や記述については、残念ではあるが削除した。

　火山活動は各種の方法で常に監視され、危険度に応じて噴火警戒レベルを公表するようになっている。かなりの精度でこのような発表が出されるようになったので、犠牲者が出ることは少なくなってきている。しかし、噴火警戒レベル発表の精度や出すタイミングについてはやはり完璧ではないようで、2014年、御嶽山の水蒸気爆発では多数の犠牲者を出した。この【増補改訂第2版】では、これまで記述が手薄だった「火山」について災害と恩恵という両面について共著者の山本さんに書き加えてもらい、さらに最近の地震学のトピックスを片尾さんに追加してもらった。結果として、残念ではあるが、前版までのChapter 7の多くを削除し、「火山」に関する章とした。

　読者の皆さんには、改めて「地球の営みの素晴らしさ」そして「時には脅威となる自然災害」について正しく知ってもらいたい。この目論見が成功するかどうかわからないが、少なくとも「地球の営みの素晴らしさとその中で私たち生物は生かされているのだ」ということを再認識してもらえると嬉しい。そして、やはり

 地球の恵みに感謝!!

　なお、本文中の"Coffee break"には、補足、雑学もしくは体験談などが書かれている。そこを読み飛ばしても話の筋は変わらないが、その部分も大変おもしろいので、是非読んで日常会話の中で話題として使ってもらえたら嬉しい。

森永　速男

災害多発時代の今だからこそ
地球の恵みに感謝!!
素晴らしい地球のシステム
【増補改訂第2版】

目次

CONTENTS 目次

はじめに

Chapter 1
1 　地球―速い乗り物は何？ ―「地球」に関する基本的なこと

Chapter 2
21 　年令を決める

Chapter 3
32 　高い山はいつまでも高く、深い海はいつまでも深い！ なぜ？

Chapter 4
57 　神戸が大好き！ 地震が作った景観！？

Chapter 5
84 　地球磁場が生命を守る！ 有り難い地球磁場！

Chapter 6
116 　大陸の形成と変形―古地磁気学が明らかにしたこと

Chapter 7
130 　い〜〜湯だな♪　火山のお話

Chapter 8
153 　重さの違う大気！ 乾いた空気と湿った空気、どちらが重い？

Chapter 9
161 　軽いものは上に、重いものは下に！ ―古気候を復元する

Chapter 10
172 　地球温暖化？　地球寒冷化？

Chapter 11
190 　地球の資源は生物が作った！？

Chapter 12
203 　放射線を正しく理解しよう！

Chapter 13
224 技術革命！ 宇宙空間は偉大な食品工場!?

Chapter 14
236 水の中の素晴らしい生態系

Chapter 15
241 いずれ、人類は絶滅する!?

249 おわりに

Chapter 地球一速い乗り物は何？
—「地球」に関する基本的なこと

◉地球の大きさと形

表題の質問（地球一速い乗り物）に対する答えを用意して欲しい。・・・・・・・

おそらく多くの人が宇宙空間へ行くロケットや遠方への旅行に利用するジェット旅客機を思い浮かべたことだろう。自分が乗ったことがあるという質問なら、新幹線「のぞみ」とか「ひかり」と答える人がいるかもしれない。一般の人たちが乗れるという意味では、答えはやはり「ジェット旅客機」ということになるだろう（宇宙ロケットに乗った経験のある人がいるかもしれない？その場合にはどうか許して欲しい！）。現在航行しているジェット旅客機は一般に対地速度で時速約900kmで航行している。これを秒速に直すと250m/sとなる。1秒間で250mも進むのだからジェット旅客機の速さは尋常ではない！?

でも、本当にそうだろうか？ 一部の人が「いや、私たちが乗っている最も速い乗り物は地球だ！」と考えただろう。その通り!?「地球」が最も速い乗り物なのかもしれない。では、計算してみよう。

今、理解しやすくするために私たちが赤道上にいると想像してみる。地球の赤道回りの1周の距離は40,076.6kmで、極を通る子午線回りでは40,009.2kmである（つまり、地球の半径は約6,370kmである）。このように、地球は赤道回りの方が70km足らず長いという特徴を持っている。つまり、地球は赤道付近がや

やふくらんだ回転楕円体なのだ。自転（約24時間で1回転）に伴う遠心力のために、地球の赤道付近は膨らんでいるのだ。

☕offee break

長さの単位「m」

地球1周の長さが40,000kmにかなり近いということに気づいた人はいないだろうか。実は、「m（メートル）」という長さの単位が、最初に「地球の子午線回り1周（両極を通る円1周）の距離を40,000km（厳密には、中心角90°に対応する子午線の長さを10,000km）」として、決められたためである。しかし、長さの単位が決められ、それが広く一般に通用するようになってしまった後、地球を測る精度が向上したために、その最初の原則とは異なる長さになってしまったのだ。

●最も速い乗り物

これからの話を単純化するために、赤道回り1周の距離を40,000kmとして考えてみよう。今、赤道上にいる人は地球の自

転のために、地球とともに宇宙空間を移動している。その速度は、赤道回り1周の長さ40,000kmを1日=24時間で移動しているので、40,000÷24=1,666.6km/hとなる。（厳密には、自転の時間（1周する時間）は23時間56分4.091秒で24時間より短い。地球は自転だけでなく公転もしている。そのため、1日は、1周より多めに回って同じ方向に太陽を見るのにかかる時間（24時間）のことである。だから、この計算は、正確には40,000kmを約40,110kmに変えるか、もしくは24時間を23.93時間と変えるべきである。その場合、速度は1,671.‥km/hとなる）しかし、これはあくまでも赤道上での速度である。日本は北緯約35°くらいに位置するから、日本にいる私たちは、地球が球体であるため、赤道よりももっと短い距離を移動していることになる。したがって、赤道での速度にcos（35°）をかければ日本での速度、約1,365km/h（正確に計算を進めると、約1,369km/hとなる）が求まる。明らかにこの速度はジェット旅客機の速度（約900km/h）より速い。このように、私たちはジェット旅客機より速い乗り物である「地球」に乗っていることになる。今考えたように、緯度が高くなるにつれて速度が遅くなるのだから、高緯度の人ほど遅く移動していることになる。ちなみに両半球で約57°以上の緯度の地域に住んでいる人たちはジェット旅客機の速度よりも遅く移動していることになる。また、南北両極では移動速度ゼロとなる。

　さらに地球は自転のみならず、公転もしている。公転によって私たちは地球とともに太陽系内を平均で約107,200km/hというとんでもない速度で移動している。さらにもっと言えば、私たちの地球を含む太陽系は銀河系の腕の中にあり、銀河系と比べれば極めて小さな恒星系であるが、銀河系の自転とともに移動してい

る。この速度もとんでもないものになるだろう。懲りずにもっと言おう。実は宇宙は膨張しているのだ。詳細はわからないが、間違いなくその膨張の結果、ある方向に地球も移動しているはずだ。おそらくその速度が最も早いだろう。ますます私たちが乗ったことのある乗り物の中では「地球が最も速い乗り物」であると言って良さそうだ。

　でも、話はこれで終わりではない。もし屁理屈をこねる人がいたとすれば、こう言うだろう。その膨張する方向と同じ方向にジェット旅客機を飛ばし、それに乗っていれば間違いなくそれが最高の速度になるはずだと。確かにそうだ！ 私たちは地球というとてつもなく早く動く天体の上でも振り落とされず、自由に移動できている（ニュートン力学の「第1法則＝慣性の法則」による）。そのおかげで、速い乗り物（宇宙膨張速度で移動する地球）の上にいるにもかかわらず、その速度に加えてジェット旅客機という乗り物の速度（膨張速度＋ジェット機の速度）で移動できるのだ。

ffee break ● ● ● ● ● ● ●

公　転

　地球を含めて太陽系内の惑星（2006年8月国際天文学連合総会にて冥王星が惑星から格下げになったため、太陽系内の惑星は現在8個である）は太陽の周りを公転している。惑星は共通の法則に従って公転しているのだが、その法則を発見者の名を冠して「ケプラーの3法則」という。ケプラー（Johannes Kepler、1571-1630）は、天文学者ティコ・ブラーエ（Tycho Brahe、1546-1601）の助手として招かれ、ティコ・ブラーエが観測した惑星などの運行に関す

る膨大な資料を利用して、この法則を発表した。第1法則は、「惑星は、太陽を一方の焦点とする楕円軌道上を動く（公転する）」である。第2法則は、「惑星と太陽を結ぶ線分が一定時間に描く扇形の面積は一定である（面積速度一定の法則＝角運動量保存の法則）」、また第3法則は、「惑星の公転周期の2乗は惑星と太陽間の距離の3乗に比例する」である。なお、この法則は太陽系の惑星に限らず、惑星の周りを公転する衛星や、ハレー彗星などの太陽系内の他の小天体にも成り立つ。

　コペルニクス（Nicolaus Copernicus、1473-1543）の地動説（地球が太陽の周りを回っているとする考え[=事実]で、それまでは天動説、すなわち太陽が地球の周りを回っているという考えが重んじられていた）に始まり、ティコ・ブラーエの天体観測、ケプラーの数学的才能、さらにはガリレオ・ガリレイ（Galileo Galilei、1564-1642）やニュートン（Sir Isaac Newton、1642-1727）といった天才達の知恵によって古典物理学（力学）が完成した。このように、後世に残るような大きな体系の学問は多くの天才達（さらには、歴史に名をとどめていない多くの科学者）の努力や才能によって開花するのである。

膨張宇宙＝ビッグバン宇宙

　ハッブル（Edwin Powell Hubble、1889-1953）は他の銀河系からの光が赤方に偏移していること（遠ざかる物体が出す音が低く聞こえる現象を光に当てはめたときの現象で、ドップラー効果による）を発見した。この赤方偏移はそれらの銀河系が後退している、つまり我々の銀河から遠ざかっていることを意味する。この発見により、宇宙（空間）が膨張していると考えられるようになった。

この観測以前に、かの有名なアインシュタイン（Albert Einstein、1879-1955）は一般相対性理論に基づいて、宇宙が収縮または膨張していることを見いだしていた。しかし、彼は自分自身が導き出した方程式（宇宙方程式）から得られるこの結論を信じることができず、帳尻あわせの定数（宇宙項）を方程式の中に含めた。後に、アインシュタインはこの宇宙項の導入を「生涯最大の過ち」と述べたそうだ。

理論物理学者のガモフ（George Gamow、1904-1968）は宇宙の核反応段階に関する理論（$\alpha - \beta - \gamma$ 理論：詳細は省く、知りたい人は自分で調べましょう！）に基づいて「火の玉宇宙」という考えを発表し、ビッグバン宇宙論を提唱した。そして、その中で宇宙背景輻射の存在を予測していた。1964年に、アメリカのベル電話研究所のペンジャス（Arno Allan Penzias、1933-）とウィルソン（Robert Woodrow Wilson、1936-）はアンテナの雑音を減らす研究中に、宇宙のあらゆる方向からやってくるマイクロ波を偶然に発見した。このマイクロ波の背景放射は約3Kの黒体輻射に一致しており、ガモフの予測が正しいことが証明された。現在ではビッグバン宇宙論が宇宙誕生を説明する考えとして最も有力である。

ビッグバン宇宙論では、最初の宇宙は針の先ほどの大きさで、その空間の中は極めて大きな密度と高い温度であった（真空のエネルギーが相転移しそのような状態に変わったと言われている。私には理解しにくい難しい話なので、詳しくは宇宙論に関する書物に譲ることにする）と考える。ある時、その小さな宇宙が劇的に膨張し始める。この膨張宇宙の始まりをビッグバン（Big Bang）と呼ぶ。膨張する宇宙空間では、徐々に温度が下がり、水素とヘリウムといった物質（元素）が生成されたと考えられている。なお、水素やヘリウム以外の

さらに重い元素は超新星爆発や重力波が観測された中性子星合体などで生成され、現在の周期表に見られるように多数の元素が存在するようになったと考えられている。

速　さ

以下にいくつかのものや生物の移動速度を上げておこう。役に立つかどうかわからないが、話のネタにはなるだろう。

	（時速）	（秒速）
光（宇宙最速）	1,080,000,000km/h	300,000km/s
膨張宇宙の後退速度[1]	約3,240,000km/h	約900km/s
太陽系の銀河内公転[2]	792,000km/h	220km/s
地球の公転	107,200km/h	29.8km/s
宇宙ロケット[3]	40,250km/h	11.18km/s
地球の自転（赤道）	1,671km/h	464m/s
ジェット機	約900km/h	約250m/s
新幹線	約300km/h	約83m/s
自動車	約100km/h	約28m/s
人間の走り（最速）	約36km/h	約10m/s
人間の歩き（平均）	約4km/h	約1.1m/s
亀[4]の歩み（推定）	約400m/h	約11cm/s
カタツムリ、ミミズ、蟻	？？	

[1] 約4千万光年の距離にある銀河の場合、ハッブル宇宙望遠鏡の観測による。
　　光年は光が一年かけて進む距離＝300,000km×3600秒×24時×365日。
[2] 銀河系の回転に伴う「公転」
[3] 地球脱出速度＝第二宇宙速度
[4] アカウミガメ

●地球の重力

　地球には引力があり、それによって私たちは地球に縛り付けられている。逆の見方をすれば、私たちにも引力があり、私たちも地球を引っ張っていることになる。また、有名なニュートンの力学法則（慣性の法則）により、自転や公転を意識することなく地球上で自由に動くことができている。重力は質量に重力加速度をかけ合わせて求められる。私たちの質量に高校時代に学んだ重力加速度 $9.8m/s^2$ をかけ合わせれば、私たちのだいたいの体重が求まる。「だいたい」といったのは、実は場所によって重力加速度が異なるからである。重力加速度は地球の重心（ほぼ中心）からの距離によって変わり、遠いほど小さくなる。また、地球は自転しているため、極で最小、赤道で最大になる遠心力が引力とはほぼ逆向きにかかっている。重力とは引力と遠心力の合力なのだ。したがって、地球が回転楕円体であるために膨らんだ赤道付近で遠心力が最大となり、重力加速度、そして重力（体重）が最小となる。

　offee break

ダイエット中の人へ

　厳密な観点からみると、私たちの体重は赤道付近で地球中心から最も遠いところ、すなわち高い山の上で最小になる。ダイエットが盛んで少しでも体重を減らそうという人たちをよく見かけるが、少しでも軽くしたいのなら、そういった所で体重を量るといい。あとでも述べるが（「**高い山はいつまでも高く、深い海はいつまでも深い！　なぜ？**」の章を参照）、地球中心から最も遠い場所は、地球が回転楕円体であることから赤道付近の高山で、エクアドルの

チンボラソ（Chimborazo）という山の頂である。この山が赤道のごく近く（南緯1°29'）に位置し遠心力も大きいので、この山頂で体重を量れば間違いなく最も軽くなれる。チンボラソの高さは標高で6,310mもあるので、おそらくそれに登頂するために費やすエネルギーの減少でも軽くなれるだろう。どうしてもやせたい人は、是非挑戦して欲しい。ただし、高山病にはご注意を！

● **地球の密度と内部組成**

ここでは簡単に、地球を球とし、また遠心力も引力と比較して小さいので無視できるとして、地球の密度を計算してみよう。質量mの物質にはたらく地球の引力：$F=G\frac{mM}{r^2}$（Gは万有引力常数、Mは地球の質量、rは重心からその物質までの距離）と重力（$F=m \times g$、gは重力加速度）の式は等号で結ぶことができる。この関係から、重力加速度、地球の質量もしくは半径のうちの2つが既知であれば、もう1つの物理量が求まる。すでに、地球の大きさ1周の長さについては述べたので、これから半径が求められ、さらに重力加速度は一般的な$9.8m/s^2$を用いると、地球の質量は約$5.974 \times 10^{24}kg$、密度$5.52g/cm^3$（国際単位系、International System of Units: SI系では、$5.52 \times 10^3 kg/m^3$となるが、理解しやすいように$5.52g/cm^3$のように、密度の単位としてg/cm^3を使う）と求まる。これは水の密度の5.52倍である。

地球は表面から地殻、マントルそして核からなり、鶏の卵のような構造をしている。それぞれが卵の殻、白身そして黄身に対応している。地殻を作っているのは主に花崗岩、安山岩や玄武岩といった、いわゆる火成岩に分類される岩石である。表面から5〜70km程度（海洋地殻は薄く、大陸地殻は厚い）、モホロビチッ

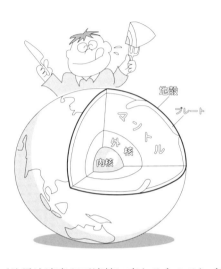

チ不連続面(地震波速度が不連続に変わるところ)までの地殻は約 $2.6 \sim 2.9 \mathrm{g/cm}^3$ の平均密度を持つ。マントルはかんらん岩を主に含むと考えられている固体部分であるが、上部マントル付近のかんらん岩の密度は約 $3.2 \sim 3.3 \mathrm{g/cm}^3$ 程度である。現在私たちの技術では、まだマントルに到達できていないのだが、マントルを構成する物質(かんらん岩)は火山活動や地殻変動で持ち上げられ地表に現れることがある。そういった現象のおかげで、マントル(少なくともマントル上部)はかんらん岩からなると考えられている。なお現在、日本が持っている**深海掘削船「ちきゅう」**を使った研究目的の1つが、海洋底を掘り進んでマントルの構成物質を直接手に入れることだそうだ。

offee break

マントルは宝石の宝庫 !?

　かんらん岩の構成鉱物の1つであるかんらん石を英語でolivine（オリビン）と呼ぶが、植物のオリーブのような緑色していることから命名されている。宝石のペリドットといった方が分かる人がいるかもしれないが、このオリビンが上部マントルの60%以上を占めている。贅沢なことに、私たちは宝石の上に乗っているのだ。

　ただし、宝石とはきれいな鉱物のことである。「鉱物がきれい」ということは、透明度が高い、色がきれい、硬い、大きい、そして珍しい（稀少な）などを基準にして決められる。そのため、宝石の粒が割れてしまうと宝石としての価値は著しく低下する。このことは、割れても割れても価値が変わらない金やプラチナなどの貴金属類との違いである。

深海掘削船「ちきゅう」

　独立行政法人・海洋研究開発機構（JAMSTEC；Japan Agency for Marine-Earth Science and Technology）所属の「ちきゅう」は、2005年7月に完成した全長210mで、人類史上初めてマントルや巨大地震発生域への大深度掘削（掘削能力は7,000m）を可能にする世界初のライザー式科学掘削船である。「ちきゅう」は、統合国際掘削計画（IODP；Integrated Ocean Drilling Program）の主力船として地球探査を行っている。

神戸港に入港した深海掘削船「ちきゅう」

◉核の構成物質

　当然のことではあるが、どれだけ技術が進歩しても私たちは地球最深部にある核まで到達することはできないだろう。だから、核の構成物質を直接手に取ることはできそうにない。しかし、すでに計算したように、地球の平均密度（$5.52g/cm^3$）は分かっている。また、核より上部にある地殻やマントルの密度（$5.52g/cm^3$よりはるかに小さい）もだいたい知っている。それらのことから、核を作る物質は明らかに地球の平均密度$5.52g/cm^3$よりはるかに上で、$10g/cm^3$くらいまでの密度を持っていると予想できる。なじみのある物質で$10g/cm^3$前後の密度を持つものを以下に挙げる。

物質（化学記号）	密度
銀（Ag）	10.5g/cm³
コバルト（Co）	8.8g/cm³
鉄（Fe）	7.9g/cm³
銅（Cu）	8.9g/cm³
鉛（Pb）	11.3g/cm³
ニッケル（Ni）	8.9g/cm³

　以上はすべて金属であるが、これらを地球の核を構成している主要な物質の候補と考えても良さそうである。なお、これらの金属は、地球核内では高い圧力を受けているので、当然地表の常圧下における上記の値よりは2割程度大きな密度を示す。

Coffee break

宇宙における元素存在度

　地球から観測可能な太陽大気の元素存在度が太陽そのものの元素存在度を代表しており、さらに太陽が銀河系（すなわち宇宙）における多数派の天体の1つであることから、太陽大気の元素存在度を宇宙における元素存在度と考えても良い。太陽から来る光をスペクトル（太陽光をプリズムなどで分光し、波長ごとに求められた強度分布）に分解すると、その中に"フラウンホーファー線"と呼ばれる暗線が現れる。フラウンホーファー線は、太陽光球から放出される連続線の中の特定波長の光を太陽大気中に存在する各種元素が吸収することで生じる。そのフラウンホーファー線の分析によって各種元素の存在度が特定できる。その結果、太陽大気、すなわち宇宙には圧倒的に多数の水素（H）とヘリウム（He）が存在し、これら

2元素だけで全体の99.9%を占めることが分かっている。また、原子番号の小さい元素ほど存在度が大きいにもかかわらず、原子番号3、4、そして5のリチウム（Li）、ベリリウム（Be）とホウ素（B）が異常に少ないこと、鉄前後の元素が周りの元素よりも存在度が高いこと、そして原子番号偶数の元素が隣接する原子番号奇数の元素よりも存在度が大きいことなどが宇宙元素存在度の特徴である。

地球の核内物質の候補としてあげた金属のうち、鉄、ニッケルそしてコバルトの順に宇宙における存在度が大きく、そして他の候補より圧倒的に多い。こういった観測から地球中心にある核には金属、それも鉄、ニッケルそしてコバルトが主に含まれると考えても良さそうである。まだまだ決定的な解答と納得できないかもしれないが、実はこの推論は正しいのだ。それを間接的に証明してくれたのが隕石の研究である。

●隕石研究が与えた核構成物質のヒント

隕石は大きく分けると、石質隕石、石鉄隕石そして鉄隕石に分けられる。石質隕石はさらに独特な球粒＝コンドリュールを含むコンドライトとコンドリュールを含まないエイコンドライトに分類される。コンドライトは落下が目撃された隕石の85％を占めている。また、コンドライトの全落下目撃数の95％を占める普通コンドライトの元素存在度は先に述べた太陽大気の元素存在度と一部の例外（水素やヘリウムなどの揮発性元素）を除いて極めてよく一致している。これらのことからコンドライトは太陽系の形成初期に、太陽の双子星として誕生した原始的な天体からの固体物質＝"始原的な隕石"と考えられる。なお、石鉄隕石と鉄

隕石は"分化した隕石"と考えられ、二次的な何らかの過程を経て生成した母天体からもたらされたと考えられている。

もし、コンドライトが太陽系における原始的な物質であるなら、その時に同様に形成された地球と化学組成が似ていてもいいはずだ。普通コンドライトの鉄含有量は20〜28%である。ちなみに、ニッケルの含有量は2%未満、コバルトはわずかにしか含まれていない。地球の地殻を作る岩石である花崗岩には2〜3%、玄武岩には10%程度、そしてマントル物質と考えられるかんらん岩には10%未満の鉄が酸化鉄という形で含まれている。これら地殻やマントルを作る岩石は普通コンドライト中の鉄含有量の半分以下なのである。この違いを埋めるために、地球の核内に大量の鉄が含まれていると予想可能である。また、二次的過程で生成した母天体のなれの果てである石鉄隕石や鉄隕石などの鉄を多く含む隕石の存在も地球核内に大量の鉄とニッケルの合金があるという証拠となっている。このように隕石の研究から地球中心核の物質組成を間接的に予想することができる。

Coffee break

地球中心核の状態

地震波の伝搬から、地球の核の外側(外核)は液体、内側(内核)が固体であることがわかっている。このことは地震波のS波(横波)が液体中を伝わらない性質に基づいて発見された。ちなみに、音波などのP波(縦波)は液体中も伝わる。地球の核内は鉄の融点である1,535℃よりもはるかに高温になっている。内核では4,000℃以上になっていると考えられているが、鉄は高い圧力で中心方向に押し込められているため固体の状態になっている。外核の液体状態は

地球磁場の生成に重要な働きをしている。これについては後の項目（**「地球磁場が生命を守る！ 有り難い地球磁場！」**の章）で述べよう。

●地球の年令も決めた隕石の年令

　地球の表面（岩石圏）は、後の項目（**「高い山はいつまでも高く、深い海はいつまでも深い！ なぜ？」**の章）で述べるように風化・浸食作用、火山活動やテクトニック（造構的）な現象などを通して、常に生まれ変わっている。そのため、地球表層で地球誕生の頃に生成した岩石を見つけることはきわめて難しい。ところが隕石は時々地球に舞い降りてきて、太陽系形成すなわち地球形成初期の情報を与えてくれる。地球の年令は約46億年と教えられる。実は、この年令は地球上の岩石で決められたのではない。放射性元素の壊変を利用した方法（放射年代決定法）で決められた隕石の年令（約46億年）を主に参考にして地球の年令としているのだ。地球上の岩石ではカナダ北西部・スレイブ地域のアカスタ変麻岩の40.3億年、鉱物では西オーストラリア・ジャックヒルズ変麻岩から約44億年を示すジルコンが報告されている。

　以上のように、地球自体のことが地球外物質である隕石の研究から分かってきている。そういった意味からも、宇宙や隕石を含む太陽系の研究というのは、私たちの「地球」をよりよく理解する上で重要なのである。

1969年は宇宙化学の記念すべき年！

　アメリカ・ケネディ宇宙センターから打ち上げられたアポロ11号が1969年7月月面に着陸し、アームストロング船長（Neil Alden Armstrong、1930-2012）とオルドリン操縦士（Buzz Aldrin、1930-）が人類ではじめて月面に立ち、21.5 kgの月面試料が地球に持ち帰られた。この時に持ち帰られた月の石は、1970年の大阪万国博覧会で展示され、一目見ようと長蛇の列ができた。

　この月面着陸に先立つこと5ヶ月、1969年2月にメキシコチワワ州のアエンデ村に、隕石が雨の様に降下した（隕石が大気圏で細かく割れ、落ちてくる現象を隕石雨と呼ぶ）。総量5トンの隕石が落下したと言われており、約3トンが回収されている。このアエンデ隕石（Allende CV3 Meteorite）は炭素質隕石であり、カルシウムとアルミニウムに富んだ包有物（CAI：Calcium-Alminium-rich Inclusion）を多く含むこと、大きなコンドルールを含むことなどを特徴とし、最も科学的な研究が進んだ隕石である。CAIは太陽系が熱いガス雲から冷却する時に、最も高温状態で凝結した物質と考えられており、太陽系の初期進化に関する情報を与えてくれる。

　さらに、同年9月にはオーストラリア・ビクトリア州のマーチソン村で隕石雨が落下し、100 kg程度の隕石が回収された。このマーチソン隕石（Murchison CM2 Meteorite）は、有機物に富むことを特徴とする。タンパク質を構成するグリシンやアラニンなどのアミノ酸（人体を構成するアミノ酸は20種類であるが、マーチソン隕石からは70種のアミノ酸が見つかっている）、炭化水素、カルボン酸など、多種多様な有機化合物がこの隕石から検出されている。

現在では、地球生命の元となる有機物が、隕石や彗星からもたらされたのでは？と考える研究者がいるが、そのきっかけを作った隕石とも言える。

　その上に、この年に日本の南極観測隊が9試料の岩石を採集したが、それらのいずれもが隕石であった。その後、多数の隕石が南極から見つかっているが、その説明は次に譲ることにしよう！

　このように、1969年は地球外物質が一挙に世界の研究者にもたらされ、その後の宇宙化学の発展をもたらす重要な年となった。

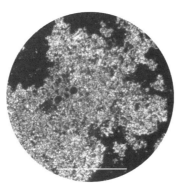

アエンデ隕石に含まれるCAIの偏光顕微鏡写真（スケールは0.5 mm）

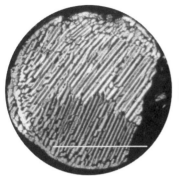 

アエンデ隕石に含まれるコンドルールの偏光顕微鏡写真（左：棒状かんらん石コンドルール、右：斑状組織コンドルール、ともにスケールは 0.5 mm）

隕石は南極でたくさん見つかる！

　極地研究のために、毎年南極大陸に研究者が行く目的の1つに隕石採取がある。すでに述べたように隕石の研究そのものが太陽系および地球の誕生や歴史に関する重要な情報を与えてくれるからである。現在、日本は世界第2の隕石保有国になっているが、約60年前から南極観測隊が行ってきた南極での隕石採取のたまものである。

　私たちの生活空間で隕石を見つけるのは大変難しい。なぜならば、隕石と普通の岩石との見分けが簡単ではないからだ。ところが、南極大陸は、一部の山や高地などでむき出しの岩石が見つかるくらいで、ほとんどが分厚い氷と雪に覆われた世界である。氷や雪の上に落ちている岩石質の物質は、地球の岩石でないことは明らかであるから、迷うことなく隕石と認識できるのだ。さらに、南極では氷河がゆっくりと流れている。氷河が岩石と接触して融けやすい山すそなどでは氷河が運んできた隕石が集積し、残される。そういう場所

で隕石を大量に採取できる。1969年にはじめて南極で隕石が見つかり、1979年の本格的な南極隕石探査では、3,697試料の隕石が回収されている。

Chapter 2 年令を決める

● 地球の年令

　地球の年令を決めるということは、地表にある岩石の年令を決めることにほぼ等しい。しかし、地表では風化・浸食作用が活発に起こっているため、地球史初期の頃に生成された岩石はほとんど残っていない（「**高い山はいつまでも高く、深い海はいつまでも深い！ なぜ？**」の章を参照）。またそういった古い岩石を探し出すのもそんなに簡単なことではない。現在では、太陽系形成と同時に生成したと考えられる始原的な隕石の年代を、地球の生成年代と考えることで地球の年令、約46億年が求められている。

　かつて、物理学者ウイリアム・トムソン（William Thomson、1824-1907）、後のケルビン卿は地球初期の融解状態（マグマオーシャンという）から徐々に地球が冷却するのにかかる現在までの時間、すなわち地球の年令を2,000万〜4,000万年と見積もった。しかし、地球表層を観察するのに優れている地質学者には、この年令は小さすぎるということで受け入れてもらえなかった。例えば、世界に広く分布する数kmの厚さの堆積岩は、深海底の堆積速度である数mm/1,000年を考慮すると、10億年程度の年令を持つことになる。ケルビン卿は、地表近くに分布する岩石の熱伝導率と熱伝導の理論および、初期地球の温度（熱量）を仮定して年令を推論した。実は、地球内部に熱源がなく、初期地球の熱が逃げ出すだけで、一方的に冷却すると仮定したところに間違いがあった。ケルビン卿がこの計算をした当時、まだ放射性元素の存

在が知られておらず、放射壊変によって発生する熱を勘定に入れていなかったのである。

温度の単位

絶対温度の単位であるケルビン（Kelvin；記号 K）はすべての分子の運動が停止する温度を 0K（「オーケイ」ではない、ゼロ K）とする。一般的な温度目盛りである摂氏(℃)での 0℃は絶対温度では、厳密には 273.15K となる。摂氏と絶対温度の換算は次の通りである；C=K-273.15。この温度単位（K）は上述のケルビン卿にちなんだものである。なお、絶対温度の 0K は、理論上すべての分子や原子の運動が停止する温度であり、これより低い温度は存在しない。ただし、この状態は実験的には到達できていない。このように低い温度には限界があるが、高い方の温度には上限はない。

ところで、「摂氏」はどういう意味か分かるだろうか？ 多くの人が知っていると思うが、アンデルス・セルシウス（Anders Celsius、1701-1744）が 1742 年に考案したものが元になっている。現在では、1 気圧における水の凝固点を 0℃、沸点を 100℃として決められた温度目盛りが利用されている。「セルシウス」を中国語で表記したときに「摂爾修」となることから「摂氏（摂さん？）」としている。

では、もう 1 つ英語圏の国々でよく使われる「華氏」についてはどうだろう。記号は「°F」である。この「F」はこの温度目盛りを 1724 年に提案した、ガブリエル・ファーレンハイト（Daniel Gabriel Fahrenheit、1686-1736）にちなんだ記号である。ファーレンハイトは中国語で「華倫海特」と表記されるため、「華氏（華

さん?)」と呼んでいる。「華」は中国語では「ファ」と発音するのである。

　ちなみに、華氏では、1気圧における水の凝固点が32 ℉、沸点が212 ℉となる。華氏の温度目盛りが作られた理由についてはいくつかの説があるが、どちらにしても使いにくい温度目盛りであり、摂氏の方が使いやすいことは明らかである。しかし、やはりアメリカ合衆国などの英語圏では、相変わらず日常生活でよく使われている。世界中の居住可能な地域の気温が0 ℉～100 ℉に収まるというのが主な理由のようだ。なお、摂氏と華氏の換算は以下の通りである。

$$F=\frac{9}{5}C+32 \text{ もしくは } C=\frac{5}{9}(F-32)$$

●放射線と放射性元素の発見

　ベックレル（Henri Becquerel、1852-1908）は1897年にウラン鉱物から放射線が出ていることを発見した。その後、ベックレルの弟子にあたるキュリー夫妻がピッチブレンド（瀝青ウラン鉱）を研究し、放射線を発生する元素（放射性元素）の分離に成功した。この発見は単に、ケルビン卿の推論の間違いを指摘するにとどまらず、放射性元素の壊変を利用して岩石の年代が決まるというアイディアに結びついた。次に、放射性元素の壊変を利用した年代決定について述べよう。

Coffee break

放射線（くわしくは「放射線を正しく理解しよう！」の章を参照）

　放射線とは、高いエネルギーを持った電磁波や粒子流のことである。放射性元素の壊変（放射壊変）に伴って発生する放射線には、

α（アルファ）線、β（ベータ）線、そしてγ（ガンマ）線などがある。α線はヘリウム原子核 $^{4}_{2}He$（α粒子）の粒子流、β線は電子 e^{-} や陽電子 e^{+} の粒子流である。また、γ線は短波長の電磁波である。α線のエネルギーは最大でおよそ 9MeV（M はメガ $=10^{6}$ の意味。eV はエネルギーの単位で、電気素量 e の電荷を持つ電子が 1V の電位差間で加速されて獲得する運動エネルギーの大きさを表す）で、大気中での飛程は約 10cm である。β線の最高エネルギーは数 MeV 程度で、アルミニウム金属中の最大飛程は数 mm 程度である。また、一般に波長が 10^{-8}cm（この長さは 1 オングストローム [Å] であるが、オングストロームは国際単位 [SI] 系に採用されていない）以下の電磁波であるγ線は物質に対する透過力はα線やβ線に比べて高い。

放射性元素（親核種と呼ぶ）はα線かβ線を放出しながら壊変し（前者をα壊変、後者をβ壊変と呼ぶ）、別の核種（娘核種と呼ぶ）

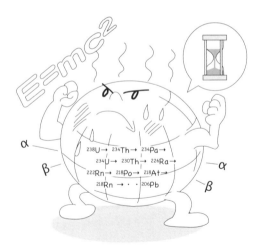

に変わっていく。親核種がα壊変やβ壊変を経て娘核種に変わる際、その原子核には過剰なエネルギーが残存しているが、それをγ線の形で放出することによって原子核は安定化していく。このようなγ線を放出する現象をγ壊変と呼ぶ。

物質と反物質

　反物質とは、質量とスピンが全く同じで、構成する素粒子の電荷が全く逆の性質を持つ反粒子によって作られる物質のことである。私たちの宇宙ではありふれた物質である電子には陽電子、陽子には反陽子と呼ばれる反物質が存在する。これらの物質と反物質が隣り合うと、物質と反物質は対消滅し、その代わりにエネルギーが発生する。アインシュタイン（Albert Einstein、1879-1955）の特殊相対性理論により示された、質量と静止エネルギーの関係式、$E=mc^2$（Eはエネルギー、mは質量そしてcは光の速度；300,000km/s）は、そういった現象を意味する関係式である。またその逆に、この関係式はエネルギーから物質と反物質が対生成することも意味している。例えば、γ線のエネルギーから電子（物質）と陽電子（反物質）が対生成するが、また逆に電子と陽電子が対消滅すると、γ線（エネルギー）が発生する。

　宇宙の初期には、宇宙は針の先ほどの小さな空間に真空のエネルギーが充満していたとされる。宇宙が膨張し宇宙空間の温度が下がりはじめたことにより、真空のエネルギーからの対生成により、物質と反物質（電子と陽電子、陽子と反陽子、さらに中性子と反中性子）が生成したと考えられている。つまり、真空のエネルギーから質量を持つ物質（電子、陽子そして中性子）からなる今の宇宙が作られたと考えられている。これがかの有名なビッグバン宇宙論である。

では、同時に生成した反物質はどこに行ったのだろう？　宇宙創成時に作られた物質と反物質の数が少しばかり異なり、物質が多かったために物質宇宙だけが作られたと一般には説明されている。この事象を「CP対称性の破れ」とよぶ。これを1973年に理論的に説明したのが、2008年にノーベル物理学賞を受賞した小林誠氏と益川敏英氏である。この賞を同時受賞した南部陽一郎氏も別種の「自発的対称性の破れ」を先駆的に研究した研究者である。詳しくはここでは述べないが、「対称性の破れ」に対して何か腑に落ちないと感じるのは私（森永）だけだろうか？　私たちの物質宇宙の隣に、同時に生成したが現在私たちが観測できていない反物質からなる反宇宙が存在すると考えた方が理にかなっている。とはいっても、この分野の素人である私が根拠なく想像したことを述べるとお叱りをうけるので、皆さんには他の専門書籍をあたって正確なところを学んでいただきたい。

　また、核が分裂する（例えば、^{235}Uに中性子を当てると、質量がほぼ同様な2つの元素に分裂する）際、分裂前より、分裂後の総質量がわずかに減少する。その質量減少分が核エネルギーとして放出されるのだ。その時の減少した質量とエネルギーの関係式は上述の$E=mc^2$である。1個の^{235}Uが核分裂して生じる核エネルギー（200MeV以上）は、水素1分子や炭素1原子の燃焼（化学反応＝酸化反応、この場合水素と炭素からそれぞれ水や二酸化炭素が生成する反応）で生じるエネルギー（3〜4eV程度）のなんと1億倍近くの大きさである。核エネルギー（原子爆弾）の恐ろしさは日本人ならよく知っていることだろう。

●放射年代決定法

　U（ウラン）、K（カリウム）、そして Ra（ラジウム）などの放射性元素（親元素）はそれぞれ、α崩壊、β崩壊または軌道電子捕獲などを経て娘元素に変わる。親元素から娘元素に変わっていく速度は元素特有の値になっている。この変化速度を与える定数を壊変定数と呼ぶが、この壊変定数から半減期という時間が決められる。半減期は、ある親元素の集団の半分が娘元素に変わるまでの時間で、^{238}U は約 44 億 7 千万年の半減期でその半数が娘元素 ^{206}Pb（鉛）に変わる。また、^{40}K は約 12 億 5 千万年の半減期でその半数が娘元素の ^{40}Ar もしくは ^{40}Ca に変わる。誤解しないで欲しいのは、半減期の 2 倍の時間ですべての親元素が娘元素に変わるのではない。半減期という時間だけ経過した後に最初の半分の親元素が娘元素に変わるということである。すなわち、はじめの親元素量（1）は半減期経過後に 1/2 に減り、その次の半減期経過後には 1/4、さらに 1/8、1/16・・・と減少していく（こういった減少の仕方を指数関数的に減少するという）。逆に娘元素は、半減期経過後に 1/2、続いて 3/4、7/8、15/16・・・と増加していく（逆に、こういった増加の仕方を対数関数的に増加するというのだろうか？　あまり見かけない表現であるが・・・）。

　本来ならば、もっとややこしく、詳細な検討や注意が必要ではあるが、放射性元素を利用した年代決定（放射年代決定法）の原理を簡単に述べよう。例えば、ある火山岩の年代を決めたいと考えた時には、火山岩中に含まれる親元素とその親元素が壊変して生成した娘元素の数を数えられれば、それら両元素の割合（存在比）が求まる。その結果、その火山岩の生成年代が決まることになる。元素（原子）は小さいので、肉眼や顕微鏡で 1 つひとつ数

えることはできないが、化学的な定量分析や質量分析によって各々の元素数を求めることができ、その結果、両元素の存在比を決定できる。ただし、この方法では、岩石生成時に、娘核種存在度がゼロであるとか、その存在率がいくらであるとかが推定できなければならない。

●**放射性炭素（^{14}C）年代決定法**

　数万年前より新しい考古時代の遺構や遺物の年代決定では、放射性炭素（^{14}C）法がよく使われる。放射性炭素（^{14}C）は、宇宙線と上層の大気との相互作用により生成した中性子が大気中窒素（^{14}N）の原子核に捕獲され、代わりに陽子を放出することから生じ、二酸化炭素として大気中に拡散している。植物は光合成を行うために二酸化炭素を利用するので、^{14}Cを体内に取り込むことになる。取り込まれた^{14}Cはβ線を出しながら（β崩壊しながら）元の窒素に戻っていく。大気中の^{14}Cが時間変化しない（昔も今も一定）と仮定し、また植物の死後には体内への二酸化炭素の出入りがないと考えられるので、古い植物遺体中に含まれる^{14}Cの量を測定できれば、大気中の^{14}C量（初期値）との比較から植物が死んでからの時間（年代）が決まる。なお、放射性炭素（^{14}C）の半減期は5,730年である。

　「大気中の^{14}Cは昔も今も一定」と仮定すると述べたが、実はそうではないことが分かっている。^{14}Cを生じる宇宙線の流入量が時間変化しているためである。地球に存在する磁場が高エネルギー粒子流などの宇宙線を遮る働きをしている（「**地球磁場が生命を守る！　有り難い地球磁場！**」の章を参照）。地球に磁場があることから、その強度が大きいときには宇宙線流入量が減少し、

またその逆も成り立つ。このように、地球磁場強度の変動は、結果として ^{14}C の生成量にも影響を与え、^{14}C 生成量は時間とともに変動することになる。現在では、このような ^{14}C の過去の生成量の時間変化を考慮し、補正した年代が求められるようになっている。また、1950 年代以降に行われた水爆実験も大気中の ^{14}C 濃度を急増させた。1950 年以降の遺物の年代決定を行う、未来の放射性炭素年代測定では、このことも考慮されるようになるだろう。

　動物も、餌である植物や植物を餌としている他の動物から間接的に ^{14}C を取り込むことになる。この時、同じ炭素原子であっても ^{12}C と ^{14}C では取り込む効率が異なる。これを同位体分別と呼ぶ。しかし、幸いなことに炭素にはこれら 2 つの同位体の他に放射壊変をしない安定な ^{13}C も存在する。^{14}C の同位体分別の程度は、^{13}C の同位体分別の程度の約 2 倍と見なすことで動物が生きていた時の ^{14}C 濃度を ^{13}C の測定から推定できる。

●ポテトチップスの年令？（日令！）

　ここまでの話で、時間経過と共に何かが減少するとか、増加する現象を利用すれば年代が決まるということを分かっていただけたと思う。最後に一風変わった研究例を紹介しよう。それは私の恩師の 1 人でもある、故・池谷元伺（いけやもとじ、1940-2006）大阪大学名誉教授の業績である。先生は無機結晶（実際、最初に用いたのは鍾乳洞で生成する鍾乳石だった）が自然放射線の被曝により結晶格子に欠陥が生じることに注目し、格子欠陥量を求めることで年代決定ができることを世界で初めて報告した。格子欠陥量を電子スピン共鳴という現象を用いて決めるので、電子スピ

ン共鳴（Electron Spin Resonance、ESR）年代決定法と呼んでいる。この無機結晶への適用から始まって、有機物（ポテトチップス、コーヒー豆、人骨、繊維、紙など）まであらゆるものへの適用が試みられた。

ポテトチップスやコーヒー豆のような食品の場合には、化学反応によって生成される物質量の時間変化に注目する。ポテトチップスでは生産時に使用された食用油やコーヒー豆では含有される植物性脂肪が酸化して過酸化脂肪ラジカル分子に変わっていく現象を利用する。では、実際の手順と結果について述べよう。

購入したポテトチップスの一部を分析・検討試料とし、まず過酸化脂肪ラジカルのESR信号を求める。丸1日後に、同じポテトチップス試料を用いて同様にESR信号を求める。この操作を毎日定時に繰り返すことで、過酸化脂肪ラジカルの増加、すなわち食用油の劣化の進行の様子を読み取れる。ラジカルの増加傾向を利用し、購入以前の過去に遡って適用すれば（逆算すれば）、購入した何日前に製造されたか分かるというしくみである。実際の測定結果は、製造年月日（商品の袋に記載、購入日より35日前）より少し以前（購入日より約40日前）に製造されたとなったそうである。これくらいのずれはあっていいのだと思うが、池谷先生は「食用油が製造時にすでに劣化していたためであろう」と推測している。

また、コーヒー豆に関する研究では、採れたての豆には過酸化脂肪ラジカルはほとんど含まれないこと、そして豆の品質とラジカル濃度には負の相関がある（つまりいいコーヒー豆にはラジカルが少なく、悪い豆にはラジカルが多い）という結果が示されている。コーヒーの美味しさに過酸化脂肪ラジカルの量が関係して

いることが想像できる。このことから、挽いた豆はできるだけ早く処理するか、酸素のない状況で保存した方がよいことが分かる。

☕ offee break
動物が地震を予知する！

　池谷先生は、上記の他にも殺人が行われたときの被害者死亡時刻の推定に被害者の血液中の過酸化脂肪ラジカル量の時間変化を用いるなど、かなり広範な適用例を報告している。真似のできないくらい研究熱心、好奇心旺盛で、かつとても人間味のある素晴らしい先生であった。

　兵庫県南部地震の発生後、お亡くなりになるまで、池谷先生は地震予知研究に没頭された。人間も含めた動物の異常行動、地震雲や発光現象などの宏観異常現象が地震の前触れであることを科学的に証明したいといろんな研究をされた。その結果、多くの宏観異常現象が地殻内部で起こった岩石破壊現象に伴う電磁気的な現象で説明できると述べている。詳しくは、池谷先生の高著『地震の前、なぜ動物は騒ぐのかー電磁気地震学の誕生』（NHKブックス）を参照していただきたい。

Chapter 3

高い山はいつまでも高く、深い海はいつまでも深い！なぜ？

●風化・浸食作用

　地球には風化・浸食という作用があり、常に地表の形状（地形）は変化している。アスファルトやコンクリートで覆われた道路、鉄筋コンクリートで造られた建物がその大部分を占めている都会では、風化・浸食作用を実感するのは難しい。しかし、ニュースで報道される梅雨や台風の季節に発生する土砂災害を思い出してみれば、風化・浸食作用の存在とその脅威を実感できるはずだ。

　地球には大気があり、生命の存在に不可欠な水（液体）が存在する。このことは太陽系の他の天体と比べたとき極めて特殊な状況である。だからこそ地球だけに多様な生物が生きていると考えることができる。この大気、水と太陽エネルギー、そしてそれらのおかげで存在する生物が起こす作用が風化・浸食作用である。

　大気の流れである風は地表面の岩石や土を削る。大気中の酸素は岩石すなわちそれを構成する鉱物を酸化し、岩石を変質させる。水は鉱物から種々のイオンを引き離し、岩石をもろくする。さらに水の流れは大きな力を生じ、もろくなって岩体から引きはがされた岩石や土をより低いところに運ぶ。岩石表面に根を張る植物は少しずつそして着実に岩石中に根を進入させ、岩石を土壌化していく。こういった過程が風化・浸食作用である。

水は偉大！

　大雨の後、信じられないほど大きな岩が低い方に運ばれることはニュースなどで見たことがあると思う。このように水の運搬力は恐ろしいほど大きい。また、岩石の隙間にしみこんだ水が冬季などの寒い季節に凍結すると、水が氷になるときの膨張＝体積増加（だから氷は水の上に浮く）によって岩石が壊される。このような力学的過程（機械的な作用）だけでなく、水には化学的作用もある。大理石や花崗岩などの岩石に刻まれた彫刻や碑文が200〜300年も持たないというのは、この化学的な作用が関わっているからだ。大気中の二酸化炭素や排気ガス中のイオウ酸化物や窒素酸化物が関与して酸性の雨が降っているという原因だけでなく、水そのものに物質を溶かすという化学的作用がある。これが化学的な風化・浸食作用を起こす。化学的風化・浸食作用は、水分子を作る酸素原子と水素原子の配置の偏りから生じる電気的な分極＝電気的（すなわち化学的）性質によってもたらされている。また、この電気的性質のおかげで、水には多くの物質が溶け込む。海水中には塩化ナトリウム（塩）をはじめとするいろんな物質が溶けている。さらに、その水の性質のおかげで私たちは体内の老廃物質を尿という混合物として体外に排出できている。

　ところで、水と油は混じり合わない。これは「水と油」のそれぞれの性質が異なることが原因である。例えば、水とは違って油には電気的性質がない。地球上に風化・浸食作用があるのも水が雨となって降るからであり、油の雨が降る環境であったなら、化学的な風化・浸食作用はなく、力学的な作用だけということになっていた。おそ

らく、降るのが油であったなら地球の景観は違っていただろうし、生物の誕生もなかっただろう。といって、油が存在しているのは生物のおかげなのであるが（「**地球の資源は生物が作った!?**」の章を参照）。

六甲山のおいしい湧き水

　大気中には二酸化炭素があり、それが雨水に溶け込んでいるために、人類が化石燃料（石油や石炭）消費などで大気中に放出するイオウ酸化物や窒素酸化物の関与がなくても雨水はpH5.6程度の酸性を示す。この値よりももっと低いpHを示す雨を酸性雨と呼ぶ。一般に現在日本で降っている雨はこれら人工的な排出物質の影響でpHが5以下の酸性であるにもかかわらず、岩石の隙間から湧き出る水のpHはだいたい7の中性もしくはややアルカリ性である。だから湧き水は「おいしい水」なのである。では、元々酸性だった雨水はどうしておいしい中性の水になって湧き出てくるのだろう？

　降ってきた雨は岩石などの割れ目などを通りながら、湧き出し口まで運ばれる。その間に植物や微生物と接しながら少しずつ水の化学的性質が変わる。このように生物の果たす役割も無視できないが、「おいしい水」作りに最も関わっているのは岩石ではないかと考えられる。岩石は自分自身が風化・浸食する過程を通して、酸性の雨を中性のおいしい水に変えてくれている。言い換えれば、岩石は自分の身を削りながら、生物にとって、おいしくて優しい水作りの役目をせっせと果たしているのだ。

　私（森永）がかつて所属していた研究室を卒業していった数名の学生たちが「酸性雨中和に果たす岩石の役割」と題していくつかの卒業研究を行ってきた。その結果によれば、岩石もしくはその粉末

に接した酸性の水は極めて短い時間で弱酸性から中性もしくは中性に近いアルカリ性側の水に変わることがわかっている。この反応には岩石に含まれる鉱物、さらに鉱物を作る元素（陽イオンになる元素）が大きく関与している。このような実験室で再現された酸性雨中和は自然界でも起こっており、おいしい水作りに岩石が大きな役割を演じていると考えられる。

　「六甲山のおいしい湧き水」は六甲山を作る花崗岩が自分の身を削って作ってくれた、まさに「おいしい水」なのだ。この湧き水をいただくときには六甲山を作る花崗岩のことに思いを馳せていただきたい。その他の産地からの水をいただくときには、その産地にある岩石のことに思いを馳せれば、水もまた違った味わいを示すかもしれない。また、岩石のありがたさも伝わるだろう。市販されているおいしい水がどんな岩体から湧き出たものなのかは、ラベルにある商品説明に書いてある。是非そういう情報を読みながらおいしい水を堪能して欲しい。

植物のしたたかさ

　ずいぶん前に、兵庫県相生市でアスファルト道を突き破って生育していた大根が「ど根性大根」と命名され各方面で話題になった。大根に限らず、実際のところ植物は意外なところで踏ん張って生育している。植物は硬い岩肌であっても小さな隙間や割れ目を見つけ、岩石を少しずつ土壌化しながら根を張っていく。そして岩石から栄養分を吸い取りながら岩石を風化・浸食していくのだ。また、金網やフェンスにとりつき、さらにそれらを包み込むように生長する木もよく見かける。こういった植物のたくましさには感動すら覚える。植物の強さとしたたかさを私たち人間も見習いたいものだ。

隕石の衝突孔＝クレーター

　2013年2月15日にロシア連邦チェリャビンスク州に隕石が落下した。大気圏突入前のこの隕石は直径17m、重さ1万トンと推定されているが、大気圏突入後に小さく分裂した。分裂の際に発生した衝撃波による被害はあったものの、小さく分裂し、大気中で燃え尽きたために幸いにも落下そのものによる被害は免れた。しかし、隕石の衝突が自然災害の1つとして無視できないことを改めて私たちに教えてくれた。このサイズの隕石衝突は珍しいが、これより小さな隕石、さらに小さい宇宙塵は毎日のように地表に降り注いでいる。また、これより大きな隕石の衝突は稀ではあるが、大きな隕石はある大きさを保ったまま地表に衝突してクレーター（隕石孔）を残す。

　大気が少なく液体の水の存在が認められていない火星や月では風化・浸食作用はほとんど起こらない。だから、私たちが「月のあばた」と呼んでいる月面のクレーター（隕石の衝突孔）は変形することなく、長くその姿を保ってきた。クレーターを作った隕石衝突は太陽系形成初期に盛んに起こり、現在に近づくにつれて徐々に減ってきたと予想されている。月と同じように、地球にも太陽系形成の初期、すなわち地球誕生後すぐの頃には、まだまだ多数の隕石衝突があり、多数のクレーターを形成したはずである。

　ところが地球上ではクレーターと認定できる隕石孔はほとんど知られていない。風化・浸食作用が盛んだからである。アメリカ合衆国アリゾナ州のバリンジャー隕石孔（メテオールクレーターとも呼ばれる）は有名であるが、数万年前に衝突したキャニオン・ディアブロ隕石（鉄隕石）の落下によって形成されたらしい。数万年前といえば、地球の歴史46億年からみれば、つい最近のことである。

最近のことであるから、風化・浸食作用をほとんど受けず衝突痕跡であるクレーターが残っていることになる。

　この風化・浸食作用によって、長い年月の間に地球では高く突出している山や台地の描く起伏に富んだ地表が削られ、低く平坦な地形を作る（はずである）。運ばれた岩石や土は川を経由してより低い海に流れ込む。そして流れ込んだ岩石や土は海を徐々に埋めていき、平坦な海底面を形成する（はずである）。

　しかし！

●高い山と深い海

　相変わらず、現実の地球には高い山があり、起伏に富んだ地表がある。私たちは直接見ることはできないが、太平洋、大西洋などの大きな海の底も起伏に富んでいるのである。つまり、地球には地表を平坦にする風化・浸食作用だけではなく、この地球の凹凸を作る逆の現象があることになる。

　高い山を作る現象で皆さんがすぐに思いつくのは火山噴火であろう。日本では火山が多くあり、それはすばらしい自然の景観を作っている。富士山の美しさを否定する人もいなければ、阿蘇山の広大な姿に感動しない人も少ないと思う。日本100名山はまさしく日本の美しい山100峰であるが、それらの約半数は火山である。

　富士山は標高3,776mで、日本の最高峰であることは誰でも知っている。ちなみに、「標高」とは平均海水面から計った鉛直方向の距離である。では、同じく島全体が火山活動で作られたハワイ

島の最も高い場所の標高を知っているだろうか？ ハワイ島には標高 4,205m のマウナ・ケアがあり、富士山より高いハワイ島の最高峰である。でも、よく考えてみると、富士山がその周辺の陸地からそびえ立っているのに対して、ハワイ島は海底面からそびえ立っている。周辺の海底面が大雑把にみて水深 5,000m であるから、そこからの高さという意味では、9,000 m 以上の火山ということになる。富士山になじみのある私たちにとっては、ハワイ島はとてつもなく高く、裾野の広い火山ということになる。他にも皆さんは、高い山を知っているはずだ。そう、エベレスト山である。この山の標高は 8,848 m だが、火山活動によって作られた山ではない。簡単に言うと、インド大陸とユーラシア大陸が衝突してできた山である。詳しくはあとで説明しよう。

Coffee break

エベレスト山

チベットでは、この山（頂）はチョモランマ（珠穆朗瑪：Qomolangma）と呼ばれている。ヒマラヤ山脈の測量が行われたときにインド測量局長官であったイギリス人ジョージ・エベレスト（George Everest）にちなんで、エベレスト山と呼ぶのだそうだ。なお、最初に登頂したのは、1953 年のエドモンド・ヒラリー（ニュージーランド）とシェルパのテンジン・ノルゲイだそうだ。

最も高い山！

すでに述べたように、平均海水面から測ったとき高い山はエベレスト山である。しかし、広い裾野からの高さではハワイ島のマウナ・ケアの方がエベレスト山より高い。このように、どこを基準にとる

かで山の高さが変わったのでは、世界一を競うときに困る。そこで、世界一の高い山を「地球の中心から最も遠い所を持つ山」と定義してみよう。地球は赤道にややふくらんだ形をしているので、そのようなところは赤道付近にありそうだ。その予想の通り、「世界一高い山」はエクアドルのチンボラソという山（南緯 1°29′ に位置する山）で標高 6,310m の山だが、地球中心からは 6,384.458km で最も遠いところに山頂を持つ。ちなみに第 2 位、3 位はそれぞれペルーのワスワカン（6,384.392km）、同じくペルーのイェルパハ（6,384.123km）である。Best30 の山々のほとんどが赤道付近に陸地を持つ南アメリカ大陸とアフリカにある。標高で世界一のエベレスト山は、6,382.277km で世界第 31 位の座に陥落してしまう。ちなみに日本一を同様に決めると、赤道付近のふくらみから南の方が有利になると予想される。その予想通り、第 1 〜 3 位は小笠原諸島の沖ノ鳥島（6,375.598km）、同じく南硫黄島（6,375.522km）そして石垣島於茂登岳（おもと）（6,375.057km）となる。残念ながら、標高

日本一の富士山は第 6 位の座に陥落し、地球中心から 6,374.832km の所に山頂を持っている。

さて、今度は海の底について考えてみよう。世界で最も深い海は意外に日本に近いところにある。グアム島は日本人にとっては身近な海外リゾートだが、その近くには深い海、マリアナ海溝がある。さらに、そのマリアナ海溝の最も深いところがチャレンジャー海淵だ。その水深はなんと 10,924m である。水深は平均海水面から鉛直下向きの距離なので、水面から測ったら、エベレスト山よりもチャレンジャー海淵の方が遠くにあることになる。

深海の世界

チャレンジャー海淵のような深い海にはまったく光が届かず、暗闇の世界である。人類はエベレスト山頂には割と早く、1953 年に立ったが、残念ながらこの深いチャレンジャー海淵に行った人はまだいない。最近では、無人探査船を使って、こういった暗闇の深海世界の解明が進んでいる。そのおかげで新種の生物をはじめ、天然ガス、メタンハイドレート、マンガン団塊、コバルトクラスト、そして熱水鉱床などの資源が海底に豊富にあることが分かってきている。1998 年には、日本の無人探査船「かいこう」がマリアナ海溝で端脚類（カイコウオオソコエビ）の採集に成功している。どんなところにも生物は棲んでいる。生物は本当に素晴らしい！

海溝のような深い部分（凹部）以外の海底の大部分は深海平原と呼ばれ平坦だが、海底表面から立ち上がった総延長 60,000km

におよぶ大山脈（凸部）もある。これらは火山活動によって作られた山脈で、海嶺と呼ばれている。このように海底にも、変化に富んだ凹凸がある。

地球の表面は海が約7割、陸が約3割を占めている。また、陸の平均の高さは約840 m で、海の平均深度は約3,800 m である。これらのことから、海水面より上にある陸の物質を単純に削りとって海に運んでも、海を埋めることができない。つまり、地球に風化・浸食の作用しかなかったとすれば、地球表面は平坦になり、すべての地表面が海水で覆われてしまう。まるで、1995年のアメリカ映画「Water World」（ユニバーサルスタジオ・ジャパンのショーで有名！）の世界そのものになるわけだ。もしそうだったら、陸上で生活する生物は発生しなかっただろうし、かつて陸があって生物が発生したとしても生きながらえなかったことになる。

●高い山の形成過程 ＝ 大陸同士の衝突

では、そろそろ「なぜ高い山は高く、深い海は深いままなのか」を説明していこう。

すでに述べたように高い山の一部は火山活動（富士山やハワイ島）によって作られる。火山活動の詳しいメカニズムはともかく、火山は実際に存在しており、なじみがあるので、火山活動で高い山（火山）が作られることは理解しやすい。しかし、大陸間の衝突現象によって、火山よりも高い山脈（ヒマラヤ山脈やヨーロッパアルプス山脈）そして山（チョモランマやマッキンリー山）が作られることは意外に知られていない。ヒマラヤ山脈はインド大陸とユーラシア大陸の、アルプス山脈はアフリカ大陸とユーラシ

ア大陸の衝突により作られた。

　2つの大陸が衝突するためには、大陸が水平方向に移動する必要がある。まさに、大陸は水平方向に動くのである。「動かざること大地（山）のごとし」と言われるが、なんともっと大きな大陸が動く。1915年にヴェゲナー（A. Wegener、1880-1930）は、その著書『大陸と海洋の起源 "Die Entstehung der Kontinente und Ozeane"』の中で、地球物理・地質・古生物・古気候などの資料に基づいて、大陸が動くこと、すなわち「大陸移動説」を発表した。残念ながら、この考えは当時まともに受け入れられなかったが、今では「地球科学」の常識になっている。

◉大陸衝突の証拠

　ブルドーザーが土砂を水平移動させるのと同じように、2つの大陸間にあった海底の堆積物が移動する大陸前面にかき集められ、運搬され、さらには大陸間に挟み込まれた。大陸間の距離がどんどん狭まるにつれて、堆積物は持ち上げられ高い山を形成していった。このようにして作られたのが、ヒマラヤ山脈やヨーロッパアルプス山脈である。そういった山脈の山腹には美しい堆積物の成層構造（縞模様）が見られ、その中から海の生物であったア

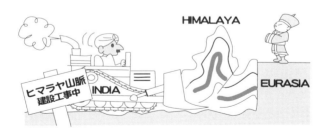

ンモナイトなどの化石が見つかる。このような高い山を作る過程（造山運動）は今も続いており、風化・浸食に対抗しているので高い山が高い山のままであり続けられるのだ。

●深い海の形成

では、反対に深い海である海溝や海淵はどのようにして作られたのだろう？　これも陥没した、または沈降したと、簡単に述べることはできても、詳しいメカニズムは想像しにくい。なぜなら、地球の内部には物質が詰まっている。だから、陥没・沈降することはそんなに容易なことではない。陥没・沈降した分だけどこかが隆起・上昇してくれないと地球内部の物質の収支が上手く合わないことになる。実は、深い海の形成にも地球表面の水平移動がかかわっている。

●アイソスタシィ（isostasy）＝地表の上下運動

北欧のスカンジナビア半島には、最終氷期（今から約1万年前よりも古い時代）に氷床が拡がっていた。最終氷期が終わり、間氷期（今の時代）がやってきて、徐々に氷床の氷が溶け、水となって大西洋に移動すると、半島にかかっていた荷重が小さくなる。そのため、スカンジナビア半島は今でも少しずつ隆起している。このような現象を説明する考えを「アイソスタシィ」と呼ぶ。

地球の半径は約6,370kmで、地球は赤道付近がわずかにふくらんだ回転楕円体だ。最も中心に核があり中心から約3,470kmの深さの所までの中心部を占めている。核の外側にはマントルがあり、表面には地殻がある。この地球の内部構造は地震波の伝搬速度の違いから決められた。地殻とマントルの境界では、地震波

の伝搬速度が不連続に変わる。この境界をモホロビチッチ不連続面（簡単にはモホ面）と呼ぶ。マントルの上部にはプラスティックのような半流体的な振る舞いをするアセノスフェアがある。さらにアセノスフェアの上にはリソスフェアがあり、そこには地殻と最上部のマントルが含まれる。「リソスフェアはアセノスフェアの上に浮かんでいる」というイメージ（実はそう単純ではない！）を持ってもらえれば、少なくとも大陸表面が上下に移動することは想像しやすいだろう。

　アセノスフェアに浮かんでいるスカンジナビア半島（リソスフェア）をイメージして欲しい。最終氷期に分厚く形成された氷が間氷期の始まり（約1万年前頃）とともに急速に溶けて海に流出すると、スカンジナビア半島はその分軽くなるので、アセノスフェアに沈んでいた半島下部が上昇、つまり半島全体が隆起する。このように、「アイソスタシィ」が成立するように大陸の一部が上下方向に移動する。

　地球の表面は上下方向に移動するだけでなく、すでに述べたように水平方向にも移動する。半流体的な振る舞いをするアセノスフェアはゆっくりと流動し、それとともにアセノスフェアの上にあるリソスフェアは水平方向に動くことができる。リソスフェアはさらにいくつかの部分に分けられるが、それら分割された部分をプレートと呼ぶ。このプレートの動きから生じる衝突などの現象が、いわゆる、造山運動、地震や火山などの地質現象を引き起こしている。そして、プレートの境界になっているのはすでに述べた海嶺や海溝であり、その他にトランスフォーム断層がある。

◉「拡がる境界」＝海嶺

　海嶺では、マントルからマグマが供給され、新しい海底（海洋地殻）が作られている。生成された海底は海嶺両側のプレートに付加し、海洋プレートの一部となる。実のところは、海洋プレートが海嶺両側でそれぞれ反対方向に動くので、その間にできる隙間を埋めるようにマグマが供給され、新しい海底がスムーズに付加しているのだと考えられている。このようにプレートが互いに離れていく境界を「発散境界」、「生産境界」もしくは「拡大境界」などと呼ぶ。また、この海洋のプレートは海嶺軸にほぼ直交する方向に移動していく。この現象を「海洋底拡大」と呼ぶ。

　海嶺でプレートに新しい海底が付け加わる海洋底拡大が起こり、プレートが動いているなら、プレートの反対側（動くプレートの先端）はどうなっているのだろう？　それについては、大きな海洋である大西洋と太平洋では状況がまったく違っているので、別々に述べることにする。

◉大西洋の海嶺

　大西洋の中央には、大西洋中央海嶺（まさに中央に連なる大火山脈）がある。海嶺両側を反対方向に延長した先には、東にユーラシア大陸（北側）とアフリカ大陸（南側）がある。一方、西には北アメリカ大陸（北側）と南アメリカ大陸（南側）がある。しかし、これらの大陸と海洋の境界がプレート境界になっているわけではない。同じプレートの上に海洋と陸が含まれていて、プレート境界はそれらの間にはない。中央海嶺の東側はユーラシアプレートとアフリカプレートで、西側は南北アメリカの2つのプレートとその間にある小さなカリブプレートからなる。これらの

プレートは大西洋中央海嶺で新しい海底がプレートに付加・成長するに伴って、東側は東に、西側は西に移動している。すなわち、もともと1つであった超大陸「パンゲア」が大西洋を挟む4つの大陸に分裂・移動してきたということだ。これはまさしくヴェゲナーの唱えた「大陸移動」そのものである。ところで、それぞれ動いているこれらのプレートの反対側（動いている先端）はどうなっているのだろう？

Coffee break

アセンション島で産卵する亀 = 大西洋拡大の証拠

　この話は、東京大学名誉教授の友田好文先生（1926-2007）から（森永が）学生時代に聞いた話であり、先生の書かれた書物（『コーヒーブレイクに地球科学を』、海猫屋2004年発行）にも書かれている。

　大西洋中央海嶺上の南緯8°に位置するアセンション島はアオウミガメの繁殖地として有名な島である。アオウミガメは生息地である南米ブラジルの北東海岸から2,000kmも遠く離れたこの島まで、1～2ヶ月という長い時間をかけて移動し産卵する。この島には外敵が少なく、卵から無事に子ども達が誕生できる安全な島というのがその大きな理由であろう。しかし、普通では考えられないこの行動（遠く離れた生息地と産卵地間の往復移動）を理解するには、大西洋の拡大、すなわち大西洋を挟む大陸の移動の歴史を考えればいいのだそうだ。

　超大陸「パンゲア」が分裂し、大陸間に形成された海（大西洋）に棲んでいたアオウミガメは、大陸を生息地としながら近くにあった「島」を産卵地として選んだ。そこが安全な場所だったからだ。

しかし、大西洋の海洋底拡大はその後も続き、大陸と「島」は徐々にだが離れていった。しかし、アオウミガメは生息地と産卵地が少しずつ離れていっていることに気づかなかったのだ。

　アセンション島付近での、現在の海洋底拡大速度は4cm程度である。これを過去にも延長して考えれば、ブラジル北東海岸と大西洋中央海嶺の間の距離は年間約2cmずつ離れてきたことになる。アセンション島そのものは今から100万年前頃に大西洋中央海嶺上で形成されたと考えられているが、過去にも同じような島がほぼ同じ場所で次々に作られたと考えられる［ホットスポットによる島の形成過程である。詳しくは**「地球磁場が生命を守る！　有り難い地球磁場！」**の章を参照］。その証拠にアセンション島とブラジル北東海岸の間には、今は海面下に没してしまった島（これを海山と呼ぶ）が点々と並んで分布している。アオウミガメは、今のアセンション島、かつてはその付近にあった島で先祖代々産卵を繰り返してきた。ある時、前に産卵した島が海底に没していたために、少しだけ遠く離れた所にある新たな島まで移動して産卵したのだが、アオウミガメはそれが前とは違う新しい島だとは気付かなかったのだろう。このようにして、今も2,000kmも離れた安全な島まで長旅をしながらアオウミガメは相変わらず産卵を続けているのだそうだ。

●太平洋の海嶺と海溝

　ここで、太平洋の話に移る。地球の表面は球面であり、表面積を増やすことも減らすこともできない。大西洋中央海嶺を挟む両側のプレートが海洋底拡大により付加・成長し、表面積を増やしているのであれば、どこかで表面積を減少させていなければなら

ない。実は太平洋の海底はこの役割を演じている。何故そんなことができるのかというと、太平洋には海嶺だけでなく、海溝という構造があるからである。すでに述べたように、海溝とは深い海底の溝である。これが太平洋を取り囲むように存在している。そこでは海洋底のプレート（太平洋、フィリピン海、ナスカ、ファンデフカそしてココスと命名されたプレート）が大陸を含むプレート（ユーラシア、インド・オーストラリア、北アメリカや南アメリカなどのプレート）の下に沈み込んでいる（落ち込んでいる）。この沈み込みが続く限り深い海は深い海のままである。言い換えると、海溝が海溝であり続ける限り、深い海は深いままなのである。

●**重い海洋底プレート**

実は海洋のリソスフェア（海洋底のプレート）はアセノスフェアより重いようなのだ（この状況は大陸のリソスフェアでは成り

立たない。←「**アイソスタシィ**」の説明を参照）。海嶺で新しい海底が生成し、海洋底のプレートは成長していくが、相対的に重いもの（プレート）が軽いもの（アセノスフェア）の上に乗っかっているという重力的に不安定性な状態にある。海溝という細長い溝の場所まで移動してきて、やっとこの重力不安定性を解消するように、海洋底のプレートは地球内部へ沈み込んでいく。まさに滝から落ちる水のように落ちていくのである。とはいっても、ゆっくりとした速度でこの過程は起こっている。例えば、日本海溝で太平洋プレートが東北日本の下に沈み込んで行く速度は、平均すると年間 8cm くらいであるから、爪が伸びるようなゆっくりした速さである。

●「縮む境界」＝海溝

海溝での、この海洋プレートの「沈み込む」過程が大西洋の海底で付加・成長した分の表面積を消化している。海嶺では、地球内部のマントルからマグマ（物質）が地表に上がってきているが、地球内部から上がってきた分だけ海溝で地球内部へ戻している。このように、うまく地球内部物質の収支バランスもとれている。ちなみに、海溝のようにプレートが沈み込み、その表面積を消費している場所をプレートの「収斂境界」、「消費境界」もしくは「縮小境界」などと呼ぶ。

しかし、太平洋にも海嶺があり、そこでマグマから生成した新しい海底が海嶺の両側に付加している。太平洋では、海嶺で海底が生成されながら、海溝では海底が消費されるというまったく反対の現象が同時に起こっている。消費されるプレート表面積は生産されるプレート表面積より多く、その結果、大西洋中央海嶺で

生産した表面積の分をも処理している。言い方を変えると、単純に考えてもわかるように、太平洋は徐々にその表面積を減らしていっているということである。反対にその減っている表面積分だけ大西洋は広がっていることになる。この過程はこれからも続くだろう。その結果、大西洋は地球海洋表面の多くの部分を占めるようになり、その逆に太平洋は閉じてなくなってしまう。その時、少なくとも北アメリカ大陸はユーラシア大陸と合体することになる。

 offee break

ハワイが近づいてくる！

「ハワイが日本に近づいてくる」という話を聞いたことがあると思う。これは太平洋のプレートが西北西に移動しているために起こる。ハワイ諸島は太平洋プレートの上に乗っているのである。ずいぶん未来の話にもかかわらず、子どもの頃にハワイが近づくと「常夏のリゾート」に行きやすくなる、という楽しい話を考えていた。残念ながら、ハワイ諸島は日本列島より北側に移動してきて、最終的に日本海溝もしくは千島海溝付近でユーラシア大陸の下に沈んでしまうだろう。ちなみに、太平洋プレートの動きが平均8cm/年くらいであり、ワイキキのあるオアフ島から沈み込むはずの海溝までの距離が5,600kmあまりなので、7,000万年先に大陸下に沈み込んでしまう計算になる。

将来には沈み込むとはいえ、それまでには徐々に近づくので、「ハワイが近づけば、行くのがより簡単になる（安く行ける）」と考えるかもしれない。これも残念ながら、ハワイ諸島は徐々に高緯度に移動するので「常夏」ではなくなるし、その途中で海面下に沈むか

もしれない。これは「地球温暖化」による海水面の上昇とは関係ない。海底は海嶺から遠ざかるにつれてより深くなっていく、すなわちハワイ諸島の多くは徐々に海水中に沈んでいくのである。

●大陸と海洋底の物質

さて、先ほど「海洋底リソスフェア（プレート）は海溝で大陸リソスフェアの下に沈み込む」と述べた。なぜ、大陸プレートではなく海洋プレートの方が沈むのか？　その逆があってもいいように感じるだろう。実は、海洋プレートの方が大陸プレートより重い、つまり密度が高い。プレートの考えのなかった頃、ヴェゲナーは大陸と海洋底を作る物質をそれぞれシアル（Sial）、シマ（Sima）と、その著書『大陸と海洋の起源』に記載している。シアルはケイ素（Si）とアルミニウム（Al）を、そしてシマはケイ素とマグネシウム（Ma）を主成分とするものという意味である。今では、一般に大陸はフェルシックな岩石である花崗岩質岩石、そして海洋底はマフィックな岩石である玄武岩からなると教えられる。前者の密度は平均で$2.6g/cm^3$、後者の平均密度は$2.9g/cm^3$程度であり、玄武岩からなる海洋底の方が、密度が高いことは明らかである。

●大陸の分裂と合体

このように、密度の高い海洋プレートの地殻部分は海嶺での火成活動により生産され、海溝で密度の低い大陸プレートの下に沈み込んでいく（消費されていく）。つまり重い方が軽い方の下に移動するという当たり前のことが起こっているのだ。このような過程の結果、「海洋底は常に生まれ変わっているが、大陸は大陸

のままである」ということが成り立つ。ただし、先にも述べたが大陸は成長する。大陸同士が合体し、もっと大きな新しい大陸が作られる。将来太平洋が閉じるときにできる大陸の名は、…「ユーラシアメリカ大陸」なのだろうか？

　しかし、もっと将来にはこの「ユーラシアメリカ大陸」も分裂していくだろう。このように、地球では大陸の分裂と合体が繰り返し起こってきた。このような繰り返し（輪廻）の考えを最初に述べたウィルソン（Tuzo Wilson、1908-1993）にちなんで、このことを「ウィルソン・サイクル」と呼ぶ。ちなみに、「ユーラシアメリカ大陸」が分裂するには、分裂するところに海嶺ができなければならない。また、新たに海嶺が生じ、そこで新しい海底が生産され、海洋底が拡大し始める以前に、大西洋と大陸の境界付近に海溝ができるはずだ。海溝での表面積消費に対応して、新しい表面積の生産が海嶺で始まるだろう。

大昔の環境復元＝堆積物の研究

　大陸同士が合体する時には、それ以前に大陸間の海に堆積した堆積物が2つの大陸の衝突境界に残される。この堆積物がヒマラヤ山脈やアルプス山脈を作っており、地球科学の研究には大変重要である。つまり、そういった合体過程で残された過去の堆積物の存在があるから過去の地球の環境を復元することができるのだ。ただし、大陸間に残された堆積物はすべてが完全に保存されないので、復元される過去の地球環境は時間に関して連続的ではなく、断片的になる。一方、現在でも海洋底はほぼ連続的に生成されており、またその表面にはほぼ連続的に堆積物が積もっている。この海洋底堆積物の研究を通して、時間に関して連続的に過去の環境変化を復元できる。これが海洋底研究の極めて重要な理由の1つになる。ただし、先に述べたように海洋底は古くなると地球内部に戻ったり、山を作ったりするため、連続的に遡れるのは過去2億年程度までである。だから、より古い時代の環境復元研究では衝突境界に残された堆積物に頼らざるをえない。

●地震と火山の活動

　プレートの境界には、海嶺（拡がる境界）、海溝（縮む境界）そしてトランスフォーム断層（すれ違う境界）がある。地震や火山の活動のほとんどはこれらプレート境界付近で発生している。海嶺付近の地震はマグマ上昇に伴う火山性の地震であり、浅いところで起こる。この地震は規模が小さく、また人間の住んでいるところから遠く離れた海で起こるので被害をもたらすことはな

い。アメリカからメキシコの西海岸に延びるサンアンドレアス断層は地表に現れたトランスフォーム断層と考えられている。トランスフォーム断層では、両側の地塊が互いに逆の水平方向にずれるが、この時にはかなり規模の大きな地震が発生し、大きな被害をもたらす。しかし、他の多くのトランスフォーム断層は海底にあり人間の住む陸から遠いので、そこで起こる地震の被害はほとんどない。海溝では一般に海洋のプレートが大陸側のプレートの下に沈み込んでいる。このプレートの沈み込みに伴う海溝付近の地震（「**神戸が大好き！ 地震が作った景観!?**」の章を参照）は陸に近い海底下で発生し、一般に規模が大きい。さらに津波を伴うこともあり、大きな被害をもたらす。

　海嶺は火山活動そのものによって形成されている。一方、海溝付近の陸側でも火山活動は活発である。次に、東北日本付近を例にとって地震と火山活動について述べよう。東北日本の東側には日本海溝がある。日本海溝では東から太平洋プレートが、東北日本を含むプレート（現在の解釈では、東北日本は北アメリカプレート内にあると考えられている）の下に沈み込んでいる。地震は日本海溝より西側の東北日本（すなわち北アメリカプレート）の下に沈み込んでいる太平洋'プレート'（'スラブ'と呼ぶことが多い）の上面（60km以浅に存在）およびスラブ内部（60km以深に存在）で起こっている。ちなみに前者の地震をプレート間地震、後者をプレート内地震と呼ぶ。これらのことから、少なくともスラブ（プレート）の沈み込みが地震の大きな原因であることがわかる。ただし、東北日本では兵庫県南部地震のような内陸型の地震も起こっている。これは、太平洋プレートの西向きの動きと西側に位置するユーラシアプレートの東向きの動きがもたらす圧縮

応力によって、東北日本（北アメリカプレート）の地殻上部に蓄積されたストレスの解放に伴う地震である。

東北日本では、日本海溝にほぼ平行な海溝西側にある線より東側には火山はなく、線の西側にのみ火山が分布する。この線のことを火山フロント（前線）と呼ぶ。火山フロントと海溝の延びがほぼ平行であることから、やはりこれらの火山も海溝での沈み込みに関連した現象であることがわかる。スラブが、ある温度・圧力条件の深さまで沈み込むと、脱水反応が起こり水を放出する。火山フロントの存在は、スラブ脱水による水が関与して火山の源であるマグマが生成していることを暗示している。

以上のように、海溝付近は大きな地震や火山活動の多い地域となっている。太平洋をぐるりと取り巻いている環太平洋火山帯や地震帯は海溝の存在と関連している。日本列島においても、上で述べた日本海溝だけでなく、千島海溝や伊豆・小笠原海溝の陸側で地震や火山の活動が活発である。また、2004年末に大津波を発生し、多数の犠牲者を出したスマトラ島沖地震はインド・オー

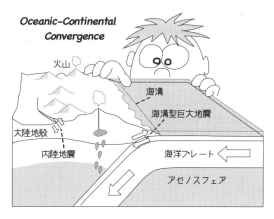

ストラリアプレートがスンダ海溝でユーラシアプレートの下に沈み込むことによって起こった。この例でもわかるように、海溝付近、すなわち沈み込むプレート境界で起きる地震は巨大なものが多くさらに津波を伴うので大きな脅威となる。

日本沈没

2006年にリメークされた映画「日本沈没」が話題をよんだ。小松左京原作の同名SF小説を映画化したものであるが、前作は1973年に封切られている。当時私（森永）は大学進学を目指す高校生であったが、この映画を見たのがきっかけで天文学志望を止め、「地球科学」を目指すことになる。この前作には今は亡き竹内均先生（東京大学名誉教授、科学雑誌「ニュートン」の創始者、1920-2004）が出演されており、海溝で起こる現象を説明されていた。単純ではあるが、その場面の印象が強烈だったので地球科学を学びたいと思った。

日本の東側にある日本海溝、伊豆・小笠原海溝やマリアナ海溝では太平洋プレートが沈み込んでいる。この沈み込みに伴い日本列島は地震と火山の多い地域になっている。海溝でのプレートの沈み込みがこれらの地質現象の原因だが、ゆっくり起こっている沈み込み過程が急激に速くなり、火山噴火や地震が頻発し、日本列島が分断され、沈没してしまうというストーリーである。実際には、このストーリーは非現実的であり、軽い大陸の一部である日本列島が地球内部に沈み込むことはないだろう。

Chapter 4

神戸が大好き！
地震が作った景観!?

●六甲山

　神戸には美しい山並みがあり、美しい海がある。私立大学受験の際、電車で通過した神戸の自然と街並みはとても魅力的だった。その時、私（森永）は何とかこの街で学生時代を送りたいと思ったが、運良く神戸大学に入学し、六甲山のふもとで生活を始めることができた。結局今も神戸に住みつき、美しい海と山並みを見ながら暮らしている。

　神戸にある六甲山は花崗岩（かこうがん）という岩石でできている。花崗岩は地下の深いところ（10kmくらいの所）でマグマがゆっくり冷却してできる。そのため花崗岩は火成岩という分類の中の深成岩に属している。

　六甲山の美しい山並みに加えて、神戸には美しい海岸の景観もある。その神戸の美しい海岸、すなわち須磨や舞子の海岸は白っぽい色の砂でできている。これらは花崗岩が風化・浸食して作られた砂で、海岸の美しさを際だたせている。このように神戸の素晴らしさの多くは自然が作り出している。では、この自然の景観はどのようにしてできたのだろう。特に、地下深所で形成される花崗岩がなぜ現在地表にあって六甲山という山を作っているのだろう。実は「神戸の自然景観は地震が作った」のである。

神戸市中央区ハーバーランドより望む六甲山
(左；ポートタワー、右；ホテルオークラ)

ffee break

岩石の基礎知識

　いくつかの専門用語が出てくるので、それらについて最低限必要なことを、まず述べておこう。「岩石は鉱物の集合体（混合物）である。鉱物は天然産無機結晶体で、単体もしくは化合物である。例えばダイアモンドは炭素（C）原子だけからなる（単体）鉱物である。同じく炭素原子からなる（単体）鉱物に石墨がある。ダイアモンドは、天然に産する最も硬い鉱物である。一方、石墨は天然に産する最も軟らかい鉱物である。同じ元素（炭素）で作られているにもかかわらず硬さや美しさなどの性質が違うのは結晶構造が異なるからである。また、皆さんもよく知っているルビーやサファイヤ（共に Al_2O_3）などの宝石の大部分や石英（SiO_2）も鉱物の一種である。これらは、化合物である。」以上の説明は私（森永）の以前の研究室の同僚であった後藤篤さんの言葉をそのまま使わせていただいて

いる。私は、正直言って岩石や鉱物については素人とほとんど変わりないのだ。だから、以下の記述に説明不足があっても許していただきたい。

　岩石は大きく3つに分類される。マグマが冷えて固まった火成岩、海や湖に堆積し、それが固化して生成する堆積岩、火成岩・堆積岩（や変成岩）などが高い圧力や高い温度を受けて固体状態を維持したまま生成する変成岩の3つである。火成岩はさらに火山岩と深成岩に分類され、前者は地表付近でマグマが冷えて固まって生成し、後者は地下深部で冷えて固まって生成する。火山岩で有名なのは玄武岩（第5章「地球磁場が生命を守る！ 有り難い地球磁場！」中で詳しく述べる）や安山岩（アンデス山脈で多く産することから付いた名）である。深成岩では花崗岩（一説では、花のように美しく硬いという意味の名、以下に詳述）や斑糲（はんれい）岩（糲は「玄米」の意味、おそらくまだら玄米模様という意味であろう）がよく知られている。変成岩で有名なのは大理石（石灰岩が熱を受け変成した岩石で、中国雲南省の大理県で産することからこの名が付いた）で、堆積岩では砂岩（砂が固まった岩石）、泥岩（砂より粒子サイズの小さな泥が固まった岩石）や石灰岩（サンゴの骨格＝$CaCO_3$などが固まった岩石）が有名である。

花崗岩と墓石

　花崗岩は火成岩という分類の中の深成岩に分類され、地下10km足らずの深さでマグマがゆっくりと冷えて生成したと考えられている。六甲山を形作る花崗岩はいわゆる普通の花崗岩で、主な構成鉱物は石英、カリ長石および黒雲母であるが、無色の鉱物である石英を多く含むため白っぽい。マグマが地下深部でゆっくりと冷却する

とそれら岩石を作る鉱物の結晶が大きく成長する。すなわち、花崗岩が深成岩に分類されるのは含まれる鉱物の結晶の粒が肉眼で確認できる程度に大きいからである。

　花崗岩は、神戸市東灘区御影辺りで産出するので、俗に「御影石(みかげ)」と呼ばれ、墓石などに利用される。また、神戸市内にある旧居留地や異人館街の古い建造物にも花崗岩が多く利用されている。さらに、大阪城の石垣にも瀬戸内海の島々から取り寄せられた花崗岩が使われている。

　ところで、なぜ、地下深部で生成した花崗岩が現在地表にあるのだろう？　このことは六甲山の形成とも深く関わる話であるが、地下深部で生成した花崗岩が地表に現れ、六甲山といった地表を形成していることから、私たちは、物質を上下両方向に運ぶテクトニックな（造構的な）現象＝（前出のアイソスタシィ）が地表付近で起こっていることを理解できる。

　関西人の多くは人生の最後に花崗岩で作られたお墓の下に眠ることになる。ところが、東北や北海道に行くと、花崗岩で造られた白っぽい墓石とは違ってお墓の色が黒くなる。これはその地方の墓石が斑糲岩(はんれいがん)を用いて造られているからである。斑糲岩も花崗岩と同様に深成岩の一種で、そのことはこれら深成岩を作る鉱物（長石(ちょうせき)、石英、雲母、角閃石(かくせんせき)や輝石(きせき)など）の結晶が大きいことでわかる。色の違いは有色鉱物である角閃石、輝石そして鉄鉱石などの含有量によって決まり、斑糲岩の方が有色鉱物を多く含むため黒っぽい。このことから斑糲岩を「黒御影(くろみかげ)」と呼ぶことがある。

花崗岩で作られた墓石（神戸市垂水区舞子墓園）

兵庫県南部地震

　1995年1月17日午前5時46分頃、阪神地域そして淡路島をマグニチュード（M）7.3の地震「兵庫県南部地震」が襲った。死者の数6,434名、負傷者43,792名、全半壊家屋約25万棟（約46万世帯）、そして被害総額10兆円規模の大震災（阪神・淡路大震災）であった。私（森永）も神戸市垂水区西舞子のマンションの1室で被災した。近畿地方に住む私たちは地震とは無縁で、関東・東北・北海道地方で頻繁に起こる地震の報道を見ながら、「関西に住んでいて良かった」とつねづね感じていた。まさか、こんな近くで地震が起こるとは予想もしていなかったのである。

　地震発生前日から当時6歳の長男が熱を出していた。地震発生2時間前になって、一緒に寝ていた次男（当時0歳）が泣き出したため、私は目を覚ました。それをきっかけに、熱を出している長男の部屋に行き、長男の添い寝をしていたときに地震が発生した。今でも、子ども達の体の変調が地震の起こる前触れだったのだと信じて

いる。

　東灘区や灘区で家屋倒壊をもたらした横揺れ（実際に経験した人たちの表現ではかき混ぜるような揺れ）とは違って、垂水区西舞子では下から突き上げるような上下動がしばらく続いた。私はてっきり、大型トラックがマンションのエントランス（その上の２階部分が自宅だった）に突っ込んだと思った。早くエンジンを止めさせようと起きあがり、少し冷静になって初めて地震であることに気づいた。勘違いしてしまうほど今までに一度も経験したことのない激しい揺れだったのだ。

　車のラジオで聞いたニュース速報で、震源（地震が起こり始めたところ）が淡路島北方の海底、すなわち我が家から見えるすぐ近くの海底下だと知り、愕然とした。今の自分たちが最も激しい揺れを感じ、最も大きな被害を受けているのだと思ったからである。夜が明けた後、自宅近くの海に出てみると、東の空がやけに薄暗いことに気づいた。どうなっているんだろうと不思議に思っていたが、数時間後電気が復旧し、見たテレビでその原因がわかった。垂水区の東側に当たる、須磨区・長田区・兵庫区が火災に見舞われ、舞い上がる灰によって朝日が隠されていたのである。さらに東灘区の阪神高速道路が横倒しになった映像も飛び込んできた。そのときはじめて、自分たちの被災はまだましだったのだと知らされた。この地震で亡くなられた人たちのご冥福を心よりお祈りする。

　なお、地震学では、M8を超える地震を巨大地震と呼ぶ。M7.3の兵庫県南部地震は大地震と呼ぶべき地震であった（ちなみに、最初の報道で伝えられたM7.2がM7.3に改訂されたのは、2000年の鳥取県西部地震の後である）。

神戸市中央区ハーバーランドに保存されている被災した海岸

●断層の形成＝地震

　断層は地殻にかかる圧縮力や引っ張り力によって蓄えられたストレス（応力）が解放されて形成される。断層では岩石の破壊＝地殻の割れが起こるが、岩石破壊や断層を挟む両側の地殻の動きそのものが地震動を発生し、その地震動が拡がって被害をもたらす。M8の巨大地震も、人が感じることのできない微小地震（M3以下）もすべて断層運動であることには変わりがない。日本列島の地殻は、西のユーラシアプレートが東に、東の太平洋プレートが西に向かって動いているために、東西に圧縮するような力が働いている。ある程度ストレスがたまると、地殻はそのストレスを解放するために逆断層や水平横ずれ断層を作りながら破壊する。兵庫県南部地震でもこの種の断層に伴う上下方向と水平方向の地殻のずれが観測されている。淡路島北西部にある野島断層では、水平方向に210cmの右横ずれ（反対側が右方向にずれること）、山側（東側）では120cmの上方ずれが生じた。長い期間こうし

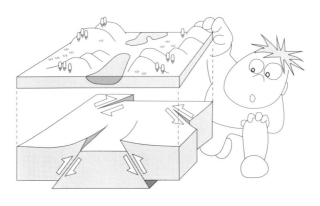

たずれ（地震）を繰り返してきた断層、そしてこれからも同じように地震を発生させるであろうと考えられるものを活断層と呼ぶ。六甲山の南にも東北東－西南西方向の多数の活断層が認められている。兵庫県南部地震の際には、これらの活断層の深部で野島断層と同様の右横ずれの断層運動があったが、その動きは地下深くだけに留まり、地表にまで断層のずれが現れることは無かった。

●震源と被害の関係

さて、兵庫県南部地震の震源地に全国でも最も近くに住んでいた私（森永）が幸いにも無事だったのはなぜだったのだろう。科学的な視点で考えてみよう。

震源（その直上部の地表にあたる震央）は明石海峡であるから、西舞子の我が家の目の前といってよい。ただし、深さは16kmもあったのだ。これは、対岸に見える淡路島の岩屋などよりはるかに遠い場所であることを意味する。これでは地上において数kmずれた場所でも震源からの距離は大差ないはずだ。さらに、震源

とは断層が最初にずれ始めた1点のことだ。小さい地震なら断層も小さいから、震源＝断層で話は簡単だが、兵庫県南部地震では淡路島中部から宝塚市にかけて全長60km以上の大きな断層がずれたのだ。明石海峡の地下深くの「震源」で始まった破壊は、断層に沿って南西の淡路島方向および北東の神戸方向に伝わっていった。この時、断層のどこでも同じようにずれるのではなく、非常に大きな地震エネルギーを放出した部分もあれば、ほとんどエネルギーを出さなかった部分もあり、まちまちだ。そういう意味で、「震源」は必ずしも最も大きなエネルギーを出した場所とは一致しない。

さらに、地震の揺れを左右する最も大きな要因は、各々の場所の地盤のよしあし（地下構造）である。一般に地盤のしっかりした山地に比べて、堆積物が厚く層を成した平野部は、同じ地震でも大きく揺れる。神戸でも大きな被害を出した浜側とは対照的に、阪急電鉄神戸線よりも山側では被害は軽微だった。私の住む神戸市垂水区や明石市は、六甲山が西に向けてだんだん低くなっていく延長上に位置する。したがって、海岸沿いながらも山手と同じしっかりした地盤をしていたので、致命的な被害を受けずに済んだといえる。

Coffee break

男性、いや弾性反発地震！

電車に乗っている2人の若い男性サラリーマン（気弱ならもっといい！）を想像して欲しい。その2人の間には無理をしてもう1人くらいは座られそうなわずかな隙間がある。その隙間に、ちょっと太めの年配の人（男性でも女性でもいいが、話の流れからすると女

性の方がいい！ 特に関西風ののりでいくと、やはり大阪のおばちゃんの方がいい！）が割り込んできた。狭いところに入り込んできたのだから、当然両側の男性サラリーマンのスーツの裾は割り込みした人のおしりに引っ張られることになる。男性サラリーマンはスーツの引きずり込みにより、割り込みした人の方に少し体を傾ける（歪む）。しばらくその状態が続けば男性サラリーマンは（精神的）ストレスをためるので、何とかこの不自然な体勢を元に戻すチャンスをうかがうだろう。頃合いをみて彼らは割り込みした人のお尻の下からスーツの裾を抜き取り、元の姿勢に戻る。このとき、2人の男性には大きな体の動きが伴うが、歪みがもたらしたストレスからは解放されることになる。このようにして起こる体の動き（揺れ）が、「男性反発地震」である。・・・という冗談はさておき、地震は、地殻に溜ったストレス（弾性エネルギー）を断層が滑ることによって一気に解放（弾性反発）する現象に他ならない。

　北海道や東北地方の東側、そして関東や中部地方の南側の海溝より陸側で起こる地震は兵庫県南部地震とは違うメカニズムで起こる。日本の東側にある海溝では、海側の太平洋プレートが沈み込んでいるが、この動きによって陸側のプレートの端が徐々に引きずり込まれる。この引きずり込みによる歪みによって陸側プレート内にはストレスが蓄積されていく。この歪みが元に戻ることで地震が起こるのであるが、こういった地震を「海溝型地震」と呼ぶ。歪みの蓄積から復元に至る時間間隔が短いため、100〜200年に1回の頻度で地震が起こる。兵庫県南部地震のような内陸型地震を起こす活断層が数百年から数万年に1回程度しか地震を起こさないのとは対照的である。地震の規模も海溝型地震の方が大きく、地震の規模を表すマグニチュード（M）も8クラスとなることが多い。震源が

海溝近くの海底下（陸から遠く）で起こるため、揺れによる被害は一般的には内陸型地震より少ない。ただし、多くの場合、津波を伴うので、それによる被害も想定しておく必要がある。内陸型地震は海溝型地震よりもMは小さく、7クラスが一般的だが、兵庫県南部地震のように大都市直下で発生する場合（いわゆる直下型地震；ただし「直下型」は学術用語としては使わない）には甚大な被害がでる。

マグニチュードと断層の大きさ

　マグニチュード（M）は地震の規模を表す値だ。地震による揺れの強さは「震度」で、震源からの距離や地盤の善し悪しで場所によって違うが、Mは「1つの地震で1つ」だけ決められるべきものだ。Mはある場所で、ある地震計により観測された揺れの大きさに震源までの距離の補正をして推定されるが、どんな地震計を用いるかといった測定手法の違いで何種類ものMが発表されることも少なくない。真の地震の規模は『地震モーメント』という値で定義できる。これは震源断層の面積に地震時の断層のずれの量を掛けたもので、2011年の東北地方太平洋沖地震では概ね10の22乗ニュートンメートルという値になる。地震モーメントに係数を掛けて通常用いるMと同じような数に変換したものがモーメントマグニチュード（Mw）と呼ばれている。地震の規模（＝エネルギー）を正確に表すにはMwを用いなければならないが、計算に時間がかかるため速報性には劣る。

　マグニチュード（Mw）9.0の東北地方太平洋沖地震は、プレート境界で巨大な断層として長さ約500km、幅約200kmの範囲で岩盤が20m以上もずれたものだった。1995年の阪神淡路大震災をも

たらした兵庫県南部地震の断層は、淡路島から六甲山系にかけての長さ約60km、幅約15kmの断層が1〜2mずれたもので、Mwは6.9だった（気象庁方式ではM7.3）。Mが1つ違うとエネルギーは約30倍（正確には32倍）違うので、M9.0とM6.9ではMが約2つ分、約30×30倍で約1000倍もの差がある。

なぜ「30倍」かというと、Mが1つ上がると断層の長さ、幅、ずれの量が各々約3倍になり、3×3×3＝27、すなわち約30倍だと覚えておくとよい。大ざっぱにいうとM7.0の地震は、長さも幅も30kmの正方形の断層が1mずれるスケールである。M8.0では断層の長さも幅も約3倍で100km、ずれの量も3mとなる。M9.0となるとまた3倍ずつして長さも幅も300km、ずれは10m以上ということになり、東北地方太平洋沖地震とほぼ同じスケールが見積もれる。逆にMの小さい側は、M6.0は断層幅がM7.0の1/3で10km、ずれの量も30cmくらい。M5.0では、幅約3km、ずれが10cm程度、M4.0なら約1kmと数cmと見積ることができる。

また、M7.0の2倍のエネルギーはM7.2に相当する。4倍はM7.4、8倍はM7.6と、Mが0.2増えるごとにエネルギーは倍になるというのも覚えておくとよいだろう。とすると、M7.8は16倍で、M8.0はちょうど32倍になる。

●地震が作った神戸の自然景観

六甲山は兵庫県南部地震で約12cmだけ高くなったという報告がある。六甲山に沿った神戸側でも数mの断層の動きがあったのだが、地下深部に限られていたので、地表には断層のずれは現れなかった。しかしこのクラスの内陸大地震が起きると、断層に

沿って1〜2mの上下方向のずれが地表に生じる例が多い（今回も野島断層ではまさにそういう上下変動があった）。内陸活断層における地震発生は1,000年程度の周期性を持っているとされ、六甲山に沿った断層も過去に繰り返しそういう地震を起こしてきた。そうして今のような高さの六甲山地が形作られたのだ。

　反対に、断層を挟んだ南東側、すなわち大阪湾は地震が起こるたびに低くなっていく。しかし大阪湾は今も昔も浅い海のままなのはなぜなのか。それは沈んだ分を埋め合わすように周りの陸地から土砂が流れ込んで堆積していくためだ。本当の大阪湾の底（基盤岩）は約2,000mもの分厚い堆積層の下にあることがわかっている。

　このようにして、六甲断層系を境にして山側は常に隆起し、海側は常に沈降してきたと考えられる。その結果、地下深くにあった花崗岩が上昇して六甲山となり、大阪湾は土砂で埋まらず海のままでいると考えられる。すでにおわかりかと思うが、地震に伴う地殻の隆起と沈降が、山があり海があるという神戸の美しい景観を作ってきたと考えられるのである。六甲山だけではない、京都盆地も、琵琶湖も、私たちが日頃見慣れている近畿地方の地形は、すべて地震に伴う断層運動によって作られているといってもよいのだ。

　こうした一連の内陸活断層は、日本列島にかかっている東西方向の圧縮力が原因で活動している。この圧縮力は、日本列島が列島下に沈み込んでくる海のプレートによって押されていることに起因すると考えられている。

六甲山の隆起と大阪湾の沈降

　ここで簡単な計算をしてみよう。六甲山の標高は約 1,000m。そして六甲山は約 100 万年前から隆起し始めたことが地質学の研究からわかっている。1,000 年ごとに起こる地震で 1m ずつ隆起するのなら、100 万年では、1m ×（100 万÷ 1,000）=1,000m 隆起したことになる。逆にいうと 100 万年前には六甲山は無く、平坦な地形をしていたことになる。その後大地震が 1000 回も繰り返し起きて現在にいたるわけだ。こういった時間スケールでみれば、大地震は珍しい天変地異ではなく、過去から続く一連の活動の一部にすぎないのだ。この 100 万年前から始まる変動を「六甲変動」と呼び、現在も同じ作用がはたらき続けていると考えられている。兵庫県南部地震もまさに六甲変動の一環なのであって、将来も同じような地震が繰り返されるはずだ。

　六甲変動以前（第三紀）には、日本列島は今とはまったく異なる造構運動の場だったと考えられている。（後述するが日本海が形成されたり、現在と全く違う活動があった。後述の「日本列島の形成」の項目を参照）。六甲山の花崗岩は、約 8,000 万年前に地下 10km より浅いところで形成されたものだが、長い時間を経てその上の地層が風化と浸食を受け薄くなっていたことも手伝い、上昇してきた。そして、100 万年前頃に始まった六甲変動以降、断層の動きにつれて現在の六甲山塊となって地上に出てきたと考えてもおかしくない。

　「六甲変動」とは六甲山に限らず、他の近畿地方の山地や盆地が約 100 万年前以降（おもに第四紀に）形成されてきたことも含めて使われる用語である。つまり、六甲山はそれらの代表選手というわ

けだ。

●やはり、神戸が好き!!

　このように人類にとっては悲しい災害をもたらす地震があったとはいえ、やはり私（森永）は神戸の自然景観が好きだし、美しいと思う。そして、これからも住み続けたいと思う。私たちは地震などの地球の営みには弱いけれど、その中で、美しい景観だけでなく、ありがたい恩恵ももらっている。人間はどうしたって、そういった自然の中で生きていくしかないのだ。

●山崎断層

　兵庫県内で六甲・淡路断層系と並んで有名なのが、山崎断層だ。小野市付近から岡山県東部まで、ほぼ中国自動車道に沿って長さ約70kmにわたり走っている左横ずれ断層だ。なぜ中国道沿いなのかというと、もともとあった地形を利用すると工事がしやすいので、断層の真上に高速道路を建設したためだ。地図や航空写真を見ると、中国道を境にして谷や尾根が急にずれている地形を見つけることができる。平安時代868年に今の姫路付近で、兵庫県南部地震とほぼ同規模の大地震が起きたことが古文書の記述などからわかっている。この「播磨の地震」は、山崎断層が起こしたものと考えられている。それから1,100年以上が経過しているので、そろそろ次の地震を起こしても不思議ではない。今後30年以内に山崎断層（とくにその南東部）が大地震を起こす確率は、最大で1%と見積もられている。1%とはずいぶん低いようだが、内陸活断層の中ではトップクラスに属する値だ。ちなみに、ある人が今後30年以内に交通事故で死亡する確率は0.2%だといわれ

ているので、比較して考えてみてもらいたい。

動物の地震予知能力

　ほとんどの人は大地震の被害を受けることなくその一生を終える。ましてや、人間よりずっと寿命の短い野生生物の場合、一個体が大地震に巡り会うことはほとんどないといってよい。仮に地震を予知する能力があったとしても、それが生存に有利にはたらく機会はほとんどない。したがって、地震予知能力を備えた個体だけが生き残って子孫を残し、さらにその子孫の中でも予知能力に優れたものが生き残っていくという連鎖は起こりそうもない。つまり、進化の過程で生物が予知能力を獲得する可能性はゼロに近いと思う。

　そもそも野生生物にとって、地震で少々揺れても命の危険はあまりない場合がほとんどだろうし、失う財産もない。地震は、わざわざ特殊能力を獲得してまで、回避すべき災厄ではないのかもしれない。しかし、人間は脆弱な建築物の中に住み、それが生活の基盤であり、財産であるから深刻な問題となるのだ。阪神淡路大震災でも死者の半数以上が、家屋の倒壊による圧死だった。まさに「地震は人を殺さない、家が人を殺す」のだ。とにかく、自宅の耐震性のチェックや、家具の固定などの身近な備えを怠らないようにしてほしい。

　もっとも、動物が大地震前に異常行動をとる例は、古今東西多くの報告があり、一概に否定できるものではない。おそらく、もっと頻繁に起きる生存の危機（捕食者の接近、天候の急変など）を鋭敏に察知する感覚が、地震の前の何らかの物理・化学的な異常により刺激されているものと思われる（動物行動異常の原因としては、電

磁波の異常を候補とする報告が多い)。

　兵庫県南部地震の前日の夕方、明石海峡ではマグニチュード3の前震が発生している。この地震は神戸でも有感だったが、ほとんどの人は何の予感も持たなかったであろう。事実、この前震自体は何の変哲もない小さな地震で、特に他と異なる特徴は見られない。しかし、震源付近では翌朝の本震に向けて何らかの準備過程が進行していたに違いない。私（森永）の2人の息子は、震源付近から漏れてくる何らかの信号を本能的にキャッチしていたのかもしれない。

●東北地方太平洋沖地震

　2011年3月11日、東北地方太平洋沖地震（Mw9.0）が発生し、東日本大震災と呼ばれる甚大な被害をもたらした。引き続き無数の余震が発生していたが、本震が巨大であるため通常なら個別に「大地震」として扱われるようなM6～7級の大きな余震が多数起こった。余震は一定の法則に従って時間とともに順調に減少していくが、完全に終息するには長い年月がかかり、大きな余震に対する警戒を怠ることはできない。

　この地震は海域で起きた「海溝型」の巨大地震だが、断層の動きが極めて大きく、それに引きずられるように日本列島自体も大きく変形した。例えばカーナビにも使われているGPSを用いた地殻変動観測により、東北地方の沿岸の土地全体が数メートル東側に移動したことが捉えられた。沖合の震源域だけでなく遠く離れた内陸部にも大きな影響をおよぼした。本震発生直後の数日間に秋田沖や長野県北部、静岡県東部などでM6級の地震が立て続けに起き、4月には福島県のいわき市付近でM7.0の地震があった。これらの地震は超巨大地震の発生によって、陸側の地殻も大

きくひずみ、これまで東北日本にかかっていた力の向きや大きさが変わってしまい、従来地震をあまり起こさなかった場所が活性化したため発生したと考えられる。

　東北地方太平洋沖地震のマグニチュード（Mw）は9.0、東から東北地方の下に沈み込んでいる太平洋プレートと陸のプレートの境界が長さ約500km、幅約200kmの巨大な断層としてずれ動いたものだ。それ以前も東北地方沖は地震活動が非常に活発な地域で、最近10年間だけでもM6以上の地震は数十回、M7級も数回起こっていた。しかし、過去約100年間の近代的な観測記録からは、M7級の地震を起こすのは「アスペリティ」と呼ばれる特定の場所に限られているように見えた。アスペリティが繰り返し地震を起こすのに対して、そのほかの東北沖プレート境界の大部分ではM7を超えるような大地震を起こすことなく常時スルスルとプレートが沈み込んでいるのだという説が有力だった。そのうちの宮城県沖のアスペリティでは、これまでほぼ30年おきにM7.5級の地震が繰り返し発生しており、次回の発生が迫っていると待ち受ける体制を整えつつあるところだった。M7級地震がいくつか連動してより大きなM8級の地震を起こす可能性も指摘されていたものの、東北地方太平洋沖地震ではその予想を上回り多数のM7級地震の発生領域（アスペリティ）が連動した。さらにこれまで大地震は起こさないと考えられていた領域までもが大きくずれ動き、全体としてM9の「超巨大地震」となったのだ。過去に東北沖でこのような超巨大地震が起こった例は知られておらず、『想定外』のことだった。アスペリティモデルによって最近100年間の地震活動をうまく説明できることで、研究者の間では東北沖の沈み込み帯を完全に理解したとの思いこみがあったこ

とは否定できない。しかし、その高々100年スケールの現象の裏に、自然は千年万年スケールの営みを秘めていたのだ。じつは、地震発生の数年前から東北地方沿岸における過去の津波の痕跡の調査が進み、それまで想定されていなかった非常に大きな地震が平安時代の貞観年間にあったことがわかってきたところだった。負け惜しみかもしれないが、「あと5年！東北地方太平洋沖地震の発生が遅ければ、、、」これらの研究成果を防災対策に活かすことができたかもしれない。1,000年に一度かもしれない現象に対し、たった5年を自然は待ってくれなかったのが残念だ。

●南海地震について

　西日本の太平洋岸に沿う紀伊半島や四国の南方沖には「南海トラフ」という海が深くなった溝がある。「トラフ」という耳慣れない名前だが、フィリピン海プレートが西南日本の陸のプレートの下に沈み込んでいる場所で「海溝」と本質的に同じものだ。南海トラフも、東北と同じメカニズムで巨大地震を起こす。東北とは対照的に、南海トラフ沿いの普段の地震活動は極めて低調で、M5の地震でさえほとんど起きない。南海地震や東南海地震といった巨大地震の震源となるプレート境界のほぼ全面が普段は完全に固着しているために、中小の地震が小出しに起こることがないのだと考えられる。プレート境界の固着により蓄えられたエネルギーは、100年に一度といったM8級巨大地震の際に固着域全体が一気にずれ動いて解放される。

　過去の南海トラフの巨大地震の履歴は古文書の記述などからよくわかっている。最も古いものは天武天皇の時代（684年）のもので、太平洋沿岸の広い範囲に地震の揺れと大津波の被害があっ

たことが日本書紀に記されている。以来千年以上にわたり、南海トラフ巨大地震はほぼ100〜150年間隔で十数回繰り返し発生してきた。最後の巨大地震は1944年の東南海地震（M7.9）と1946年の南海地震（M8.0）だった。それから既に70年以上が経過しており、次回の巨大地震は今世紀前半にも発生することが確実とされている。

　前回の昭和やその前の1854年安政地震の場合は、東海（東南海）・南海と2つの地震が時間をおいて別々に発生したが、1707年の宝永地震（M8.6）は東海・東南海・南海の3つの巨大震源域が同時に動いたとされている。宝永地震のような連動タイプでは、揺れも津波も一層大きくなり被害も増大する。では、これが「最悪の場合」だろうか？

　連動するか時間をあけて連発するかの違いはあるにしても、歴代の南海トラフの巨大地震は、一見すると基本的に同じような現象を繰り返しているようである。しかし、詳しく見ると毎回違った特徴を持っており、2つとして同じものは無いといってもよいくらいだ。宝永の前の1605年慶長地震は、歴代の南海地震の中でも異色で、揺れによる被害はほとんどないにもかかわらず大津波が来襲したという「津波地震」の特徴を有している。津波地震は通常考えられている震源域よりもさらに沖合の海溝（トラフ）軸に近い浅い場所で起こると考えられている。東北地方太平洋沖地震も通常型の震源域に加えて、海溝付近の浅いプレート境界も同時にずれて巨大な津波を発生させた。南海地震についても、四国沿岸などの地層を調べることで、文献記録が残されているよりもずっと前の約2,000年前に宝永地震より大きな津波があった証拠が見つかってきている。しかし、これまで海溝軸付近は軟らか

い堆積物からなり地震を起こすことはないとされていたので、従来の想定震源域には含まれていなかった。文献による千年程度の「経験」では十分な理解は得られないことを示すもので、まだ見落としや「想定外」が残されているかもしれない。

　このような最新の知見や東北地方太平洋沖地震の教訓を踏まえ、2012年には国が南海トラフの巨大地震について新たな想定を発表した。従来を大きく上回るM9の超巨大地震を想定し、震度6弱以上となる地域が大阪や京都などの内陸部まで広がり、予想される津波の高さも最大で30m超と大幅に引き上げられた。揺れや津波が大きくなったのは、想定震源域をこれまでより広く設定し直したためだ。従来地震を起こさないとされていた沖合の海溝付近も震源域に含めたため津波が高くなり、太平洋岸ばかりか瀬戸内海や大阪湾も襲われる。また北側のプレート沿いの深い場所や日向灘までもが一度に活動することも想定に入れられた。従来の「常識」にとらわれず、地震を起こす可能性のある場所はすべて震源域に盛り込み、それらがすべて同時に活動することを想定した「最悪」のケースでは30万人を超す死者が予想されている。ただし、今後30年以内にも発生すると言われている次回の南海地震がこのような超巨大地震になるという意味ではない。しかし、長い歴史を考えるとそうなる可能性も否定できないということになる。

　いずれにせよ南海トラフの巨大地震が秒読み段階に入っているのは疑いのないところであり、私たちが生きている近い将来に各々のシチュエーションで巨大地震を「体験」することになる。再び「想定外だった」とならぬようにいろんな意味で準備を怠りなく進めたい。

Coffee break

内陸地震の活動期

　古文書などに記録された過去の地震活動をふりかえると、近畿地方の内陸大地震は南海トラフの巨大地震が発生する50年前くらいの期間に集中して起こっている。逆にいえば、南海トラフ巨大地震が起こってしばらくすると、近畿の内陸部ではあまり大きな地震が起こらない静かな時期に入るということだ。

　昭和の南海地震からすでに70年以上が経過し、すでに100〜150年間隔と言われる巨大地震インターバルの後半に入っている。1995年の兵庫県南部地震は、近畿地方がこうした南海地震前の『活動期』に入ったことを示すものであり、次回の南海地震発生までにさらにいくつかの内陸の活断層による大地震が発生する可能性が高

いと考えられている。

　東日本大震災の惨状を目の当たりにして、津波対策に注目が集まっているが、住宅の耐震化など内陸直下型地震への対策も忘れられてはならない。

●「ゆっくり地震」の発見

　1995年の阪神淡路大震災後、国の主導で地震観測網の整備が行われた。従来からあった気象庁や大学の地震計の間の空白を埋めるように数百箇所の地震観測点が新設され、新旧合わせて約1,000点が約20km間隔で日本全国を覆いつくすように配置された。これによって（海域を除く）マグニチュード1程度のごく微小な地震も全国で漏れなく捉えることができるようになった。

　ほぼ同時にGPS観測網も全国1,000点規模で展開された。GPSとはカーナビや携帯電話でおなじみの人工衛星からの電波を受けて自分の居る場所を知る装置だが、これらの観測点は地面に固定されていて、その地面そのものがどちらの方向にどのくらいの速さで動いているか（むろん1年間かけても数cmもいかない非常に微小な動きなのだが）を測ることで地面の伸び縮みする様子（地殻変動）を24時間365日モニタしようというものだ。

　これらの観測網を整備したからといって安直に地震予知が実現すると考えていたわけではなく、それまで捉えられなかったごく小さな地震の活動や日常の地殻変動の様子を基礎的なデータとして把握することや、大地震直後の余震活動や地殻変動を詳細にモニタして大規模余震の予測や2次災害の防止に役立てようというものだ。

　しかし、新しい観測網が稼働して数年すると、当初予想もして

いなかった奇妙な現象が次々と見つかってきた。地震計でときどき通常の地震ではない継続的で微弱な振動が記録されていた。むろん地震計には常に風や人間活動に起因する様々なノイズが記録される。従来の疎らな観測網ではこの微弱な振動も、そんなノイズの一種だと無視されていただろう。しかしこの微弱な振動は、高密度に置かれた多数の地震計でほぼ同時に観測されていることがわかった。つまり地表近くに原因があるノイズではなく、地下深くからやってきた振動だったのだ。

　GPS観測網でも興味深い発見があった。地震は地下で断層が急激にずれる現象だ。大地震が発生すれば、地下の断層のずれにより地表面も歪んでしまうため、GPS観測点も大きく動くのがわかる。しかし、大きな地震が起きていないにもかかわらず、ある地域のGPS観測点が数日から1年くらいの時間をかけてジワジワと動き出すのが捉えられた。

　地震計に捉えられた振動の発信源は、内陸直下の深さ数10kmまで沈み込んだプレート沿いにあることがわかってきた。その正体はゆっくりプレートが沈み込んで行くときの「軋み」のようなもので、深部低周波微動と呼ばれるようになった。GPSの異常は、やはりプレートが特定の範囲で地震の波を起こさないくらいゆっくりと沈み込んでいく現象であることがわかった。そのずれの量と範囲は、通常の地震であればマグニチュード5〜7にも達するものもあった。ただ、非常にゆっくりずれるので地震のような揺れを起こさないのだ。すべりの継続時間は数日から数年かけるものまで様々だが、スロースリップイベント（SSE）と呼ばれている。

　深部低周波微動も周期1秒以下のごく小規模なゆっくりすべりの集団と考えられ、SSEとともに「スロー地震」とか「ゆっく

り地震」と呼ばれる範疇にまとめられる。これらのゆっくり地震たちは当初、西南日本の南海トラフで発見されたが、その後世界中の沈み込み帯で類似の現象が次々に見つかっている。興味深いのは、これらスローな現象が起きている場所が、南海地震など通常の海溝型大地震の震源域（アスペリティ：東北地方太平洋沖地震の節を参照）を取り囲むように存在していることだ。震源域とは100年あるいはそれ以上の間隔で起きる大地震の際に一気にずれ動いて強烈な地震の波を周囲に放射する場所だが、普段はガッチリとプレート同士がかみ合って動かない。その周りでスロー地震が起きているということは、震源域の周りでは間欠的にプレートがどんどん沈み込んでいっているということになる。やがて震源域だけが取り残されて一手にプレートの動きを支えるような状態になっていくが、それも耐えきれなくなると地震の発生へと繋がっていくだろう。

●「東海地震」予知の見直し

2017年9月、国内で唯一予知できる可能性があるとされてきた「東海地震」について、予知を前提とした情報発表をとりやめることになった。「東海地震」は南海トラフの東端部の駿河湾付近を震源に発生するとされる巨大地震だ。1944年の東南海地震の震源域が駿河湾域を含んでいなかったため、東海の地震エネルギーは解放されずに貯まったままで、近い将来単独で地震を起こす可能性が高いとされていた。当初から何の前兆もないまま突然地震が起きる場合はありうるとされており、国も静岡県も手放しで予知に頼った対策をとってきたわけではない。しかし、事前に予知できれば人的被害を大幅に軽減できるため、大いに期待をよ

せていたことも事実だ。

　東南海地震の際には、御前崎付近で地震の前日から異常な地殻変動が観測されていた。地震発生に先だって震源域周辺でゆっくりすべりが起きていたことがその原因だと考えると、来るべき東海地震の前にも同様の現象（大地震の前にすべるのでプレスリップと呼ばれる）が起きる可能性があり本震の発生を事前に予知できるかもしれない、ということで東海地方に地震や地殻変動の観測網を重点的に配備して観測が続けられてきた。駿河湾は陸に近いため、海溝型の地震であるにもかかわらず陸上の観測網でも観測しやすいという利点もあった。

　しかし、最近のスロー地震の研究によって、大地震の発生をともなわないゆっくりすべりはいろんな場所で頻繁に起きていることがわかってきた。東海地方でも実際に2000年から5年間ほど継続する長期的スロースリップが、東海地震想定震源域に隣接する浜名湖周辺の地下で起きたのだが、大地震の発生のないまま終息してしまった。ということは、近い将来東海地方で何らかのゆっくりすべりが観測されたとしても、そのまま何事もなく終わってしまうのか、大地震の発生へと進むのかわからないということになるので、確定的な警戒宣言などとても出せない。つまり、かつて地震予知の切り札となると考えられたプレスリップ（スロースリップ）は、特殊な現象ではなくわりと「平凡」な現象であったということだ。（東南海地震の前に観測された異常な地殻変動は、観測誤差による見かけ上のものに過ぎないということも最近の研究で指摘されている。）

　従来の地震予知に一石を投じたスロー地震だが、逆手にとって地震予測に役立てようという研究も始まっている。震源域は普段

プレート同士が固着して動かないため、振動も地殻変動も起こさないので何の情報ももたらさない。しかし、その周囲では様々なスロー地震現象が起きており、そこではプレートが静かに沈み込んでいる。震源域そのものではなく、その周囲のスロー地震をモニタしていけば、普段沈黙を保っている「震源域」が耐えられなくなって今にも地震を起こしそうなのか、まだ余裕があるのかといった見当がつけられるようになるかもしれない。

Chapter 5

地球磁場が生命を守る！
有り難い地球磁場！

● 地球磁場（地磁気）の方向

　多くの人が地球に磁場があることを知っているだろう。方位磁石（または磁気コンパス）という道具で私たちは北（もしくは南）の方向を知ることができる。方位磁石のN極が北を指すという現象そのものが「地球には磁場がある＝地球が大きな磁石である」ことの証拠である。しかし、必ずしも方位磁石のN極は正確に北（真北）を指さないということまで知っている人は少ない。方位磁石の「N極はほぼ北を指す」のである。このように地理的な北、すなわち北極の方向と方位磁石のN極の指す方向とのずれ角のことを地磁気偏角と呼ぶ。現在、日本における偏角値は地理的北から西に5°〜10°の値になっている（一般に北の地域ほど偏角値が大きい）。偏角は地理的北から時計回り回転（東回り回転）を正にとるので、日本での偏角値は-5°〜-10°の範囲にある。

Coffee break

磁石の発見

　磁石は紀元前600年頃にギリシャで発見されたらしい。ギリシャのマグネシアという町の羊飼いの少年が最初に磁石を発見したようだ。この発見をきっかけにして、哲学者ターレスが磁石の研究を始めた。ターレスは、磁石は鉄を引きつけるのに、他の物質を引きつけないことに気づいたらしい。その後、この鉄を引きつける鉱物は[マグネティス・リトス（マグネシアの石）]と呼ばれるようになった。

現在私たちが使っている"magnet（磁石）"や"magnetism（磁性）"という言葉は最初に発見された町の名前に関係しているのだ。ちなみに、自然の磁石である磁鉄鉱は英語で"magnetite（マグネタイト）"という。

磁気コンパスの利用

　初めて南北の方向を知るために磁針（方位磁石）を利用したのは中国人だった。紀元後11世紀に「指南車」という、車の上に立つ仙人像の手が常に南を指す車、が造られている。仙人の手は指南針と呼ばれる磁針で作られていたので、車の向きが変わっても仙人の手は常に南（反対側を考えれば北）を指していた。

　現在では、「指南」という言葉は「教え授けること」、「道を指し示すこと」などの意味として時々使われるが、この言葉はこの指南車や指南針から派生したようなのだ。中国のホテルの部屋には「指南書」というものがだいたいはおかれている。これはいわゆる、日本のホテルでは「ホテルの施設案内」とか、英語圏の国々では"Directory"と呼ばれているものである。

地磁気偏角の発見

　方位磁石が正確に北を指さないということをはじめに発見したのは、よく知られている、アメリカ大陸を発見したイタリアの探検家クリストファー・コロンブス（Cristoforo Colombo；イタリア語表記、1451-1506）だそうだ。彼は西インド諸島（アジア）への航海中それに気づいたが、船員達がパニックに陥るのを避けるため、帰国まで秘密にしていた。おそらく、コロンブスは天体観測と羅針盤（コンパス）を併用して航海していて、北極星（ほぼ正確に地理

的な北の方向にある星)の方向と方位磁針のN極の指す方向が徐々にずれていくことに気付いたのだろう。船員達は羅針盤が正確に方向を知らせる道具であり、それを利用することで「インド諸島に無事にたどり着ける」と信じていた。だから、それが狂うということは無事に目的地にたどり着けないことを意味していた。コロンブスが船員達に秘密にしていた理由はよく理解できる。なお、コロンブスは自分の着いたところがアジアだと死ぬまで疑わなかったそうである。

　方位磁石をよく観察すると、水平面内を磁針が回転していることがわかる。しかし、これはそうなるように作られているためで、実際は磁針をその重心で支えると水平面に対して指す方向が傾いていることがわかる。この指す方向と水平面の間の角を地磁気伏角(ふっかく)といい、日本列島では約50°くらいの値になる。また、赤道ではほぼ0°(つまり、水平)であり、高緯度に行くにつれて伏角は大きくなる。ただし、北半球では方位磁石のN極が下向きになるのに対して、南半球ではS極が下向きになる。前者のようにN極が下向きの場合には伏角を正にとり、逆の場合(すなわち、N極が水平面より上向きになる場合)には伏角に負の符号を付けて表す。また、現在の伏角と緯度にはおおまかな関係があって、以下のような数式で表される。

$$\tan(伏角) \fallingdotseq 2 \times \tan(緯度)$$

地磁気伏角と緯度の関係

　伏角と緯度の関係から、もし私たちが何者かに拉致され、飛行機や船舶で遠くに連れて行かれた場合でも、伏角さえ測定できればだいたいどの緯度の場所に連れて来られたのかわかる。といっても、そんな道具を持っていることの方が難しいのだが。この関係は現在の地球磁場では厳密には成り立たない（'='ではなく、'≒'の関係にある）。ただし、10万年以上の長い時間平均の地球磁場では、この関係が厳密に成り立つ（'='の関係になる）。このことは言い換えれば、地球磁場は地心双極子磁場（地球中心で自転軸に平行に置かれた'双極子磁石'＝'いわゆる普通の磁石'が作る磁場）であるということと同等である。この関係は大陸が分裂・移動し、今のような配置になったことを明らかにするときに利用されてきた。過去に生成した岩石が生成時の地球磁場を記録することを利用するのだが、ヴェゲナーの提出した大陸移動説を証明するときにこの関係が大きな証拠を提出した。別章の「大陸の形成と変形─古地磁気学が明らかにしたこと」を参照して欲しい。

●地磁気の大きさ

　偏角と伏角のような磁場の方向を示す量の他に磁場には全磁力という大きさを与える量がある。このように地磁気は方向と大きさを定義しなければならないベクトル量である。ちなみに、知っていると思うが、重さのように大きさだけで表現できる量はスカラー量と呼ぶ。

　全磁力は、日本付近で 45,000 〜 51,000nT 程度の値（北ほど大

きい）である。全磁力の単位 nT はナノテスラとよむ。「ナノ」はナノテクノロジーの「ナノ」と同じで 10^{-9} という意味である。現在、極付近の全磁力は赤道付近のほぼ２倍の大きさである：極付近でだいたい 60,000nT、赤道付近でだいたい 30,000nT。この特徴はまさに「地球磁場が双極子磁石（普通の磁石）が作る磁場とほぼ同等である」ことに対応している。すでに述べたように、伏角と緯度との関係も同様に双極子磁場の特徴を示していて、これらの特徴から「地球磁場は双極子磁場で近似できる」ということができる。

 Coffee break

磁気による肩こり治療 !?

　健康用具メーカーが販売している肩こりなどの医療用具の中に磁気を利用したものがある。磁気が血行をよくし、肩こりが改善されるというものである。あるメーカーの、ずいぶん前のテレビコマーシャルで、「・・・・の磁力は 3,000G（ガウス）」という製品があった。ガウスという磁場の単位は、現在の科学の世界では使わないようになっている。単位系が SI 単位系（International System of Units：国際単位系）に統一されるようになってからは、磁場の単位に T（テスラ）が使われるようになったためである。換算すれば、3,000G は 300mT である。例えば、日本付近で観測される地球磁場の大きさは 50,000nT ＝ 50μT ＝ 0.05mT なので、地球磁場はその医療器具の作る磁場の 6,000 分の１程度とはるかに弱い。私（森永）はその医療器具を使ったことがないのでその効用についてコメントできない。でも、「地球磁場は極めて弱いので、地球磁場では肩こりは治せない」ということだけはきっぱりいえる。私たち

は地球磁場の中にいて、そこで肩こりになるのだから、治せないのは当たり前のことなのだが・・・。

●変動する地球磁場

　地球磁場は秒以下の短い時間スケールから数十万年という長い時間スケールまでの種々の周期で変動している。そのうち、数十年以上の周期変動は地球内部起源であり、中心核での物理現象が原因と考えられている。それより短い周期の変動は地球外部起源であり、主に太陽活動が原因である。

　すでに述べた地磁気の3つの要素である偏角、伏角そして全磁力は時々刻々と変化しており、それを地磁気永年変化と呼ぶ。永年変化の中で最も大きな変動現象は地磁気の逆転である。つまり、現在ほぼ北を指す方位磁針のN極が以前には南を指す時代があった。そういった地磁気逆転現象は一度限りではなく、過去に何回も繰り返されてきた。

　実際のところ、地磁気そのものが逆転することが証明されるまでにはいろんな論争があった。1950年代初頭に、外部磁場と逆方向に磁化する物質があることが理論的に示されたり、また日本の研究グループが実際にそういった逆に磁化する鉱物を発見したからだ。このような自己反転した残留磁化を持つ鉱物の発見により、「地球磁場が本当に逆転したのか」、それとも単に「そういった鉱物を含む岩石が外部磁場と逆に磁化したのか」について議論された。しかし、1960年代中頃には、精力的に行われた陸上の火山岩の古地磁気学により地磁気逆転が汎地球的に同時に起こった現象であることが認められるようになった。また、自己反転した磁化を持つ鉱物の産出が稀であることが知られるようになっ

た。そのような精力的な研究の結果、最近数百万年間の、本当の地球磁場逆転の歴史、すなわち地磁気逆転史が明らかにされたのだ。また、このような地磁気逆転史の確立には岩石の年代を決める放射年代決定法の進歩が大きな寄与をした。

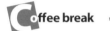

最近の地磁気逆転史

現在と同じ極性（正極性）、すなわち方位磁石のN極がほぼ北を指す時代は今から約78万年前に始まった。この時代をブルネ（正極性）期（Brunhes Chron）と呼び、現在の磁場とほぼ反対方向の残留磁化を持つ岩石を1906年に初めて発見したB. Brunhes（1867-1910）の名前が使われている。約78万年以前から約258万年前までは、現在と逆の極性（逆極性）が卓越する時代であるが、この時代をマツヤマ（逆極性）期（Matuyama Chron）と呼ぶ。いくつかの岩石が示す、現在の磁場と反対方向の残留磁化は地磁気逆転の記録である、つまり実際に地磁気が過去に逆転していたことを、1929年に最初に指摘した松山基範（まつやまもとのり、1884-1958）の名前がこの地磁気逆転期間に使われている。さらにそれ以前の時代には、地磁気データを球面調和解析した大数学者C. F. Gauss（1777-1855）と、地球が大きな磁石であると1600年に指摘したW. Gilbert（1544-1603）の名前がそれぞれ付いた、ガウス（正極性）期（Gauss Chron、約258万年前〜約360万年前）とギルバート（逆極性）期（Gilbert Chron、約360万年前〜約603万年前）がある。なお、後述するように海洋底の地磁気異常の研究から、現在では過去1億7,000万年間の連続した地磁気逆転史が知られている。

地磁気逆転が発見された玄武洞と玄武岩

　兵庫県北部の豊岡市に山陰ジオパーク「玄武洞」という観光名所がある。玄武洞では、玄武岩の柱状および板状の節理（マグマが冷却収縮を経て固結する時にできる規則的な割れ目のことを節理という。柱状に割れ目がある場合を柱状節理といい、板状に割れ目がある場合を板状節理と呼ぶ。）が美しく、自然の素晴らしい造形物として感動的な景観を作っている。柱状節理によってできた形（柱の断面）が亀の甲羅のような六角形や、まれに五角形をしていることから「玄武」洞の名が付いた。「玄武」は中国の神話で方向（さらに季節そして色）を司る神のうち、北方（冬、黒）を司る「亀と蛇が合体した神」である。ちなみに他の三神は青龍（東、春、青）、白虎（西、秋、白）、そして朱雀（南、夏、赤）で、これらの名の付いた洞窟も玄武洞の周囲にある。最近では、キトラ古墳や高松塚古墳の石室内でそれら四神の壁画が発見され、よく知られるようになった。玄武岩は節理の部分で分離しやすいため、崖の一部（中部から下）が崩れ落ち、洞窟のようにえぐられているため玄武洞と呼ばれている。「玄武岩」の名前は玄武洞にある岩石ということで付けられた。つまり、玄武洞の命名が先で、玄武岩はそれにちなんで付けられたのである。

　玄武洞の玄武岩は約170万年前に噴出した。松山基範はここの玄武岩などの残留磁化（熱残留磁化）を測定し、1929年に世界で初めて「地磁気が過去（100万年以上前）に逆転していたこと（現在とはまったく反対の極性を持つ状態、つまりコンパスのN極が南を指していたこと）」を指摘した。そんな由緒正しい名所なのだ。「地磁気逆転現象発見の地」として、玄武洞は私たち古地磁気研究者にとっては聖地でもある。ちなみに、私たち（森永と片尾）の大学時

代の師である安川克己先生は松山先生の孫弟子（こういう言い方が適切かどうか分からないが）にあたる方である。ということは、私たちは松山先生のひ孫弟子ということになる！　とても光栄なことではあるが、日本の古地磁気や岩石磁気の研究者の半数近くもしくは半数以上は似たような状況にある。つまり、松山先生は日本の古地磁気学研究の先駆者で先生をスタートとして後継者が育っていったからだ。

兵庫県豊岡市玄武洞（天然記念物）

玄武岩の柱状・板状摂理

●「海洋底拡大」に有力な証拠を提出した地磁気逆転史

　前出の章の「高い山はいつまでも高く、深い海はいつまでも深い！ なぜ？」で、「海洋底拡大」について述べた。海嶺では地球内部より上昇してきたマグマが新しい海底となり両側の海洋プレートに付加する。付加した分だけ両側の海洋プレートは互いに離れる方向に動き、海洋底が生成・拡大する。この海嶺における海洋底拡大過程は以下に述べるような観測から証明された。

　地球内部より上昇してきたマグマは海嶺で冷却され玄武岩となる。玄武岩中には磁鉄鉱などの磁性鉱物が含まれるので、玄武岩からなる海底が冷却し生成するときの地球磁場が熱残留磁化として記録される（詳しくは、後述の章「**大陸の形成と変形―古地磁気学が明らかにしたこと**」を参照）。現在生成中の海底は現在の地球磁場（ブルネ正極性期）の下で残留磁化を獲得するから、現在と同じ極性すなわち正極性の磁場を記録している。また、正極性の磁化を持つ海底よりさらに外側の海底は、約78万年前以前

のマツヤマ期の逆極性の磁場を記録している。さらに外側の海底には、このような正と逆の極性の磁場が残留磁化として繰り返し記録されている。

　今、このように海底が地磁気逆転史を記録していると考えてみよう。海嶺を直角に横切るように船を海上移動させ、地磁気の連続観測を行ったとしよう。現在でも地球磁場は存在するので、地磁気観測値には現在の地球磁場と海洋底拡大で生成した海洋底の残留磁化が作り出す磁場の両方が含まれることになる。海洋底には、海嶺から外側に向かって現在の地球磁場と同じ極性の磁場、次に逆の極性の磁場という風に繰り返し地磁気逆転が記録されているから、観測される地磁気強度は海嶺軸に関して対称の、強弱の変化パターンを示す。つまり、海上では、現在の地球磁場と海洋底の作る磁場がベクトル和として観測されるので、現在と同じ正極性の磁場を記録した海洋底の直上では強い磁場が、また逆極性の磁場を記録した海洋底直上では弱い磁場が観測される。また、その変化パターンは海嶺を対称軸として同じ形になる。

　実際には、1960年代に観測船による地球磁場測定が行われ、地磁気強度が変化していることがわかった。測定された地磁気強度からその地域の標準的な地球磁場（地球内部起源の磁場）の強度を取り去った差＝地磁気異常は海嶺を対称軸として海嶺両側でほぼ同じ正負の変化パターンを示していた。さらに、その変化パターンは海嶺に平行に連なり、海嶺の両側に地磁気異常の正と負の縞々模様が繰り返されていた。そのため、これを地磁気の縞状異常と呼んでいる。正の地磁気異常を黒色に、そして負の異常を白色に塗って表現するのが一般的だが、シマウマの体のような模様になるのでゼブラパターンと呼ぶことがある。現在ではバー

コードパターンといった方が分かり易いかもしれない。

　上で述べたように、その正および負の変化パターンは、海嶺で生成する時に海洋底が残留磁化として繰り返し記録してきた地磁気逆転史に対応すると解釈されたのである。このように、海上で観測される地磁気異常の解釈には、陸上の火山岩で求められた過去数百万年間の地磁気逆転史が大いに役立ち、海洋底が拡大していることが証明されたのだ。

●地球磁場の発生と地磁気逆転の原因

　地磁気は地球内部の核、それも外側の核（外核）で生成している。惑星が磁場を持つためには、(1)液体の核が存在すること、(2)それが金属を多く含むこと、そして (3) 惑星そのものが早く自

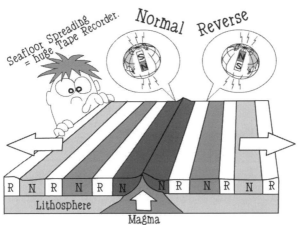

転していること（つまり、液体核が運動していること）、といった3つの条件が必要である。地球はこれらすべてを満たしているため磁場を有する。これらの条件が揃い、核内のダイナモ作用（電気伝導度の高い物質が磁場中を動くと、電磁誘導の原理によって電場が生じ、電流が流れる。これは発電機［ダイナモ］の原理であり、作られた電流が新しい磁場を発生する。このような一連の作用のことをダイナモ作用という。）によって地球の磁場は作られていると考えられているが、まだその詳細はよくわかっていない。かの有名なアルバート・アインシュタインも難問の1つに挙げており、これが解決できればノーベル賞級の研究となることは間違いない。

地球磁場の生成メカニズムが詳しくわかっていないので、地球磁場の逆転がなぜ起こるのかも当然よくわかっていない。しかし、過去の地球磁場を復元する学問である古地磁気学は地磁気逆転過程をある程度明らかにしている。それによれば、まず地磁気の強度が徐々に減少し始め、その後方向が反転する。そして、その反転後に地磁気強度が徐々に元のレベルまで戻っていく。この一連の地磁気逆転過程は数千年から1万年程度の時間がかかることもわかっている。

太陽系にある他の地球型惑星の磁場

地球とよく似た生い立ちを持つ地球型惑星には、地球の他に太陽から近い順に水星、金星、そして火星がある。それらのうち火星やもっとなじみ深い地球の衛星である月にはほとんど磁場がない。天体としてのサイズが小さい（火星の赤道半径は地球のほぼ半分、月

はほぼ4分の1である)ために生成後早い段階で冷えてしまい、液体核が存在できるほど内部が熱くないためと考えられている。また、金星は地球とほぼ同じサイズと密度を持っているので、液体の金属核があると考えられる。しかし、金星には地球の1000分の1程度の磁場しかない。これは金星が地球よりもはるかに遅く自転している(ほぼ243日で1回、ちなみに地球とは逆向きに回転している)ためと考えられている。水星はサイズ(火星と月の中間くらいの大きさ)や自転周期(約59日)から予想されるより強い磁場(金星と同程度)を持つことが知られているが、金属からなる中心核の占める割合が他の地球型惑星よりも大きいこと、そしてその一部がまだ溶けているため(太陽に近いため?)ではないかと考えられている。

地球型惑星と木星型惑星

　太陽系には、地球型惑星(水星、金星、地球そして火星)の他に、木星型惑星(木星、土星)、天王星型惑星(天王星、海王星)がある。地球型惑星を構成しているのはほとんど固体の岩石で、液体や気体の領域は少ない。一方、木星型惑星では岩石圏と考えられる固体部分がわずかで、ヘリウムを含んだ金属水素ならびに気体からなる部分が圧倒的に大きい。ガス成分を主体とするので、ガス惑星とも呼ばれる。天王星型惑星である天王星と海王星は、水の氷のマントルを持ち、その周りに水やメタンが存在し、氷惑星とも呼ばれる。そのことは、以下に挙げる太陽および各惑星の密度(国立天文台編「理科年表」より転載)から容易に想像できるだろう。

		密度（g/cm³）
	太陽	1.41
地球型惑星	水星	5.43
	金星	5.24
	地球	5.52
	火星	3.93
木星型惑星	木星	1.33
	土星	0.69
	天王星	1.27
	海王星	1.64
	ちなみに、冥王星（矮惑星）	2.13

　この表の中で驚きなのは、土星の密度である。なんと、土星は水に浮くほど密度が小さいのである。

●生命の生存にとって重要な地球磁場

　意外に知られていないが、地球磁場は極めて重要な働きをしている。我々人類が方向を知るときに方位磁石（磁気コンパス）を使えるのも地球磁場の存在のおかげである。人類は磁気コンパスという道具を使わなければ磁気的な方向を知ることができないが、生物の中にはその体の中に磁気的な方向を知る仕組みを持ったものがいる。例えば、ミツバチ、渡り鳥、伝書鳩、鮭、イルカ、サメ、そして磁気バクテリア（magnetobacterium、複数形が magnetobacteria）などがそのナビゲーションの仕組みを利用して生きていると考えられている。ミツバチや鳩は自分の巣に戻るとか、鮭は自分の生まれた川に戻って産卵する（生殖をする）と考えられているが、それができる1つの理由が体内（特に、脳内）にある磁性物質の存在にあると考えられているのだ。ただし、これらの生物にとって磁気を利用したナビゲーションがすべてではない。太陽の運行も大いに利用しているようだし、さらにその他の現象も利用しているだろう。

磁気バクテリアはそれが持つ機能から走磁性バクテリア（magnetotaxis bacterium）とも呼ばれている。この名の方がこのバクテリアの有する機能を正確に示している。北半球にいる走磁性バクテリアは北に、すなわち地磁気のS極に向かって、また逆に南半球では南（地磁気のN極）に向かって泳ぐ。

　では、なぜ北と南の半球でバクテリアの泳ぐ方向が異なるのだろうか？　実は、このバクテリアは微好気性の特徴（酸素の存在を好まない性質）を持っている。水中にはある程度の酸素が溶け込んでいるが、水底の堆積物中の溶存酸素濃度はもっと少ない。つまり、酸素のより少ない水底に向かって泳ぐのである。ここで、地磁気の特徴を思い出して欲しい。地磁気はベクトル量であり、方向と大きさを持つ量であると述べた。方向には偏角と伏角という2つの要素があり、伏角はある場所の地磁気方向の水平面から傾きを表現している。北半球では磁場伏角が正、つまり方位磁石のN極がほぼ北で、さらに水平面より下を指す磁場があるので、バクテリアが北に向かって泳ぐことはすなわち下向きに進むことになり、より酸素の少ない水底にいずれ到達できる。南半球では、地磁気に関してその逆のことが成り立つから、バクテリアは南に泳げば水底に到達でき、その結果生きながらえるというわけである。

Coffee break

走磁性バクテリア

　これまで「泳ぐ」という表現を使ったが、まさしくこれらのバクテリアは鞭毛(べんもう)を使って「泳ぐ」。地球磁場と体内にある磁性物質含有の小胞（magnetosome）はバクテリアを磁場方向に配向させる

役目をしているだけで、地球磁場の磁力で引きつけているのではない。磁性物質 magnetosome は磁鉄鉱＝マグネタイト（Fe_3O_4）の小さな粒子（長さ、径とも数十 nm；ナノメートル）が鎖状に連なった形態をしている。その鎖状の magnetosome が磁場を関知し、地球磁場の磁力線と平行に配向する。バクテリアはその配向方向に鞭毛を使って泳ぐのである。

　こういった走磁性バクテリアは地磁気逆転の時にはどう対処したのだろう。もし、地磁気逆転が急速に起こる現象であれば、バクテリアはその変化に適応していけず、絶滅したかもしれない。しかし、ゆっくりとした速度で地磁気逆転が起こったおかげで、バクテリアはその環境変化に適応でき、現在も生存していると考えることができる。実際に、交流磁場（N 極と S 極方向が交互に入れ替わる磁場）中でバクテリアの世代交代を観察すると、N 極方向に泳ぐものと S 極方向に泳ぐものの数がほぼ等しくなるのだそうだ。このように世代交代の間に地磁気逆転に適応できる反対の性質を持ったものを残していくという、生き残りのための戦略を持っている。バクテリアといえども侮れない。

● **高エネルギー粒子（宇宙放射線）流入を遮る地球磁場**

　このように生物には地磁気の存在を重要な要素としているものがいるが、実は人類も含めてすべての生物にとって地磁気は重要な存在なのである。宇宙空間には高いエネルギーを持った粒子があふれている。宇宙放射線の一種である、これらの高エネルギー粒子は生物にとって脅威であるが、太陽系においてはその中で太陽風の存在が最も大きな脅威となる。太陽風は、太陽から吹き出す高速のプラズマ流のことである。このプラズマ流の主成分は陽

子と電子で、それら荷電粒子が秒速平均500kmという驚異的な速度で太陽表面から宇宙空間に飛び出している。地磁気は、これらの電離した高エネルギー粒子を遮る働きを持っている。

●地球磁場とオーロラ

　地球表面のごく近傍の空間では、地球磁場の磁力線は自転軸対称に近い形をしている。さらに地球から離れた空間では、磁力線の対称形が崩れ、太陽とは反対の方向に吹き流しのように引き延ばされている。これは磁場と電離した粒子（荷電粒子）との相互作用の結果である。このように太陽風によって、地球の磁場が閉じこめられた空間を磁気圏と呼ぶ。この磁気圏にはプラズマ（陽子と電子）が分布し、プラズマのうち特に電子が磁力線に沿って地球表面方向へ進入する。その際、電子が大気粒子と衝突し発生するのがオーロラである（大気粒子は電子との衝突によりいったん励起状態になるが、それが元の状態に戻るとき発光する）。磁力線のほとんどが南極周辺から出て、北極周辺に入っている。磁

力線の回りをらせん運動しながら電子は移動するので、らせん運動の向き（右巻きか左巻きか）によって（フレミングの右手の法則に従って）、電子はどちらかの極域に到達することになる。その結果、オーロラは両極域で美しく輝くのである。

このように地磁気の存在のおかげで、高いエネルギーを持つ荷電粒子が中低緯度周辺に降り注ぐのが遮られている。しかし、オーロラが荷電粒子と大気を作る分子や原子の衝突によって発生する際、荷電粒子はその運動エネルギーを失い（オーロラ発生にエネルギーが使われ）、高エネルギー粒子ではなくなる。だから、地磁気がなくても大気の存在によって地球上の生物は守られていることになる。このように、私たちの地球は大気や地磁気といった素晴らしいバリア（障壁）に守られているので、生物が誕生し、進化・繁栄してきたと考えていいだろう。

Coffee break

オーロラと太陽活動度（黒点数）

オーロラは、対流圏（地表から高度10kmまで）、成層圏（高度10km～50km）そして次の中間圏のさらに上にある、高度100km～800kmの熱圏の下部で発生している。オーロラの色は赤、緑、ピンクそして紫などいろいろであるが、オーロラが形成される高度（すなわち、電子の持つ運動エネルギー）や衝突する大気の分子や原子の種類などによって発光する色が異なる。一般に赤や緑は酸素原子が、ピンクや紫は窒素の分子や原子が発光したときの色である。写真で見るオーロラは当然ながら静止している。しかし、本物のオーロラは静止しておらず常に動いている。風で揺れるカーテンの方がもっと正しくオーロラをイメージしているだろう。

南極で見られるオーロラ
(京都大学・石川尚人教授のホームページより転載)

　オーロラはいつでも見られるわけではない。約11年周期の太陽活動の活発期(太陽黒点の発生が最も多くなる時期)が最もオーロラ観測に適している。太陽活動が活発だったのは、1989年そして2001年頃だったので、次の機会は2011年から2012年頃になると考えられていた。ところが、この時、予想に反して太陽活動度はさほど上がらなかった。さらに、太陽活動の11年周期が少し崩れ、長めにもなっている。つまり、150年くらい続いた規則正しい太陽活動の周期性が崩れ始めているようなのだ。また、現在(2017年11月)、太陽黒点はほとんど無い状態になっている。これらの異常な状況は、1600年代から1700年代初頭のマウンダー極小期や1800年代初頭のダルトン極小期と同様の様相を呈している。これらの時期の地球の気候は小氷期と言っても良い寒冷化した時代であった。このため、「2030年頃には小氷期が訪れる」と考えている

研究者もいて、今後は一般社会で問題視される「地球温暖化」とは真逆の環境になる可能性がある。

　オーロラは北半球のみならず南半球、例えば南極大陸でも見ることができる。もし、ツアーに参加できるのが夏（日本での）ならば南極大陸に、冬ならば北半球に行ってオーロラを観察して欲しい。この下線部の意味はわかっていただけるだろうか？ 北極地方は夏に、南極地方は冬に白夜が訪れる（極夜の場合は、それらの逆）。極地方の白夜では1日中太陽が昇っており、微弱に輝くオーロラを見ることはできないのである。ともかく、是非ツアーなどに参加してオーロラの壮大な美しさを堪能していただきたい。という私たち著者全員は、残念ながらまだ本物を見たことがない。

●生物進化・絶滅と地球磁場の働き

　今一度地磁気逆転について思い出して欲しい。地球磁場は数千年から1万年程度といった、生物にとってはとても長い時間をかけて逆転する。その間には地磁気強度が減少し、高エネルギー荷電粒子のバリアの働き（中低緯度への荷電粒子流入制御の働き）が弱まる。そのため、通常時には極域にしか発生しない美しいオーロラがあらゆる地域で見られることになる。しかし、本当に重要なことは、長期間にわたって高エネルギー荷電粒子流入という生物にとって脅威となる環境が続くということである。大気によるバリアもあるので荷電粒子流入は抑えられているが、地磁気バリアの消滅によりわずかであるが流入荷電粒子量は増える。この流入粒子量増加の期間が千年以上にわたって長く続くので、そのことが生物にとって脅威となるだろう。高エネルギー荷電粒子は生物に遺伝子レベルでの損傷を与える。生物には自己修復機能があ

るから、いくらかの損傷は修復するであろうが、危険な環境が続く限り損傷は徐々に蓄積していくだろう。損傷を持った遺伝子は子孫に伝えられていく。何世代かその状況が続けば、生物にとって致命的な変化、すなわち「変異」となって現れる可能性がある。

「変異」は進化過程の第一段階であり、生物にいくらかの確率で起こる。それらの変異の中で選択に残ったものだけが次世代に遺伝して進化が起こると考えられている。これが1859年にチャールズ・ダーウィン（Charles Robert Darwin、1809-1882）が自然選択説もしくは自然淘汰説として体系化した考えである。残念ながら、私は「変異」がどうして起こるのか学んだことがない。しかし、ここで述べた地磁気逆転時の地磁気強度減衰に伴う高エネルギー粒子流入が「変異」の原因の１つではないかと考えている。「突然変異」という言葉もあるが、実は「変異」は突然ではなく、弱いけれど長く続く高エネルギー粒子流入に伴う遺伝子損傷のゆっくりとした累積によって起こるのではないだろうか。また、こういった「変異」の結果、生物は絶滅し、もしくは進化してきたと考えられないだろうか。

●生物絶滅に関する種々の原因（説）

生物絶滅にも同様の原因が関わっていると考えることができる。地球上の生物は40億年前頃に出現し、初期の頃はゆっくりと進化していた。そして、今から５億４千万年前頃に爆発的にいろんな種類の生物（分類学上、生物の「門」）が誕生した。このことを「カンブリア・ビッグバン」や「カンブリア大爆発」などという。なぜ、この時に生物が爆発的に発生したのか、その詳細はいまだ謎であるが、植物の発生により大気中に酸素が増え始め、

さらに酸素からオゾンが生成されていろいろな種類の生物が安全に生息できる環境（オゾン層の形成）が整ったためではないかと考えられている。

　また、地質学では、カンブリア・ビッグバン以前の時代を隠生代（肉眼では見えない微小生物の時代という意味）とか先カンブリア時代と呼ぶ。その後の時代は肉眼で見える生物の時代で、顕生代という。顕生代は古い方から古生代（海生動物の時代）、中生代（陸生動物＝爬虫類の時代）、そして新生代（ほ乳類の時代）と呼ばれている。これら3つの時代はさらに細分されているが、それら時代の境界はある種の生物の絶滅境界なのである。三葉虫は古生代末に、そしてアンモナイトは中生代末に絶滅している。かの有名な恐竜も中生代末に絶滅した。

　これらの生物絶滅の原因に関しては、これまでたくさんの学説が出されている。恐竜絶滅で有名な中生代末の生物絶滅の原因として、「隕石衝突」に伴う環境変化が最も有力な説と考えられている。この説では、世界各地に分布する中生代と新生代の境界（中生代最後の時代＝白亜紀の略称"K"と新生代最初の時代＝古第三紀の略称"Pg"を用いて、K-Pg [Cretaceous-Paleogene] boundary と呼ばれている。2009年以前は新生代の時代区分が第三紀と第四紀とされており、第三紀の略称"T（ertiary）"が使われK-T境界と呼ばれていた。白亜紀は英語でCretaceousであるが、石炭紀がCarboniferousで頭文字が同じCになるため、Kを使う）の地層に地球表面ではあまり含まれない親鉄元素、特にイリジウムが濃縮していることを「隕石衝突」の大きな証拠としている。宇宙から飛来してくる隕石にはイリジウムなどの親鉄元素が多く含まれることから、直径10km程度の巨大隕石が地球に

衝突し、地球表層の環境を大きく変えたために絶滅が起こったと考えられているのだ。また、古生代末には三葉虫以外に海生動物種の半数以上が絶滅したが、これは地球史上最大の「大量絶滅」である。このときの絶滅原因としては「海水準の低下」や「海洋の無酸素事変」などの証拠があげられている。残念ながら、そういった現象が地球規模のどんな原因に伴うものか、その詳細はまだわかっていない。

●生物絶滅の周期性 !?

すでに述べたように古・中・新生代はさらに細分されるが、細分された時代はさらに細かく分けられている。それら細・細分された時代の境界では小規模ながら生物絶滅が起こった。これら細・細分された時代の期間、すなわち絶滅の起こる間隔には2,600万年の周期性（期間の平均が2,600万年になるということ）があることが提唱された。実はこれは極めて難しい検討と統計処理をした結果であった。それに基づいて、「絶滅の周期性」を説明しようとする説が多く出された。その説の多くが天文学者から出されたが、ある天文学者のグループは太陽系が円盤状の銀河系の中で周期的に上下運動することに関連づけた。銀河円盤の中心面を横切る際に彗星の巣であるオールト雲に接近し、オールト雲から彗星が太陽系、すなわち地球に多数降りそそぐと考えたわけである。また、別の天文学者グループは太陽には伴星（兄弟星のようなもので、未だ見つかっていない。また別の研究者グループによって「ネメシス」と命名されている）があり、それと太陽との周期的接近により彗星が雨のように降ったという説を提出した。同じようなストーリーとして、ネメシスの変わりに、太陽系10番目の

惑星X（2006年に国際天文学連合により冥王星が惑星から除外されたので、今では惑星Ⅸか？）を考えた研究者もいた。これら天文学的な説は、先に提唱された「絶滅に周期性がある」そして「中生代末の絶滅の原因は隕石衝突である」とする2つの研究成果に乗っかるような形で提出された説である。しかし、現在のところ、先に述べたように「絶滅の周期性」が確実に認められる状況でもないし、中生代末のように隕石衝突がもたらしたと考えられている「イリジウムの濃縮」が必ずしも他の絶滅境界の地層から見つかっていない。残念ながら、生物絶滅の原因はまだまだほとんどわかっていないのが現状である。

　すでに述べたように、宇宙から飛来してくる高エネルギー粒子は生物の遺伝子に損傷をもたらす可能性がある。地磁気強度減衰に伴って流入量が増えるこれら粒子は、生物進化を促すだけでなく生物絶滅にも関係があるのかもしれない。

古生代－中生代境界頃の地磁気逆転史

　古生代二畳紀末には大量の海洋生物絶滅があったことが知られている。この時の絶滅は、有名な白亜紀末（中生代末）の恐竜やアンモナイトの絶滅よりもはるかに大規模な生物絶滅であった。中国にはこの二畳紀（古生代）と三畳紀（中生代）の境界地層がいろんなところにあり、それらの多くは国際的な標準断面として保存されている。

　私たち（森永と山本）の研究グループは1998年と1999年の2カ年間、中国安徽（Anhui）省長興（Changxing）にある二畳紀－

三畳紀（Permian-Triassic, P-Tと略す）境界の国際標準断面で石灰岩試料を連続的に採取し、境界付近に地磁気逆転が記録されているかどうかを調べた。「生物絶滅に地磁気逆転が関係しているのではないか」という仮説を証明するための研究だった。残念ながら、採取した石灰岩試料は地磁気逆転をいっさい記録していなかった。また、それ以前の問題として、石灰岩試料が生成（堆積）当時の地球磁場を正確に記録しているのかどうかという基本的なことがはっきりと判定できなかった。残念ではあるが、この研究目的は達成できておらず、今のところこの仮説を証明、もしくは否定できないでいる。

　後の項目で過去の地球磁場＝古地磁気を復元する学問、「古地磁気学」について述べるが、すべての岩石が生成当時の地球磁場を正確に記録しているという保証はない。特に、古い岩石ほど生成時の地球磁場記録（つまり岩石が生成時に獲得した初生的な残留磁化）を失い、その後の時代に二次的に獲得した残留磁化を持っていることが多い。人間でも、年をとればとるほど昔の記録が薄れていく。岩石でも同じようなことがあるのだ。

●近年および将来の地磁気

　過去の地磁気を復元する学問である古地磁気学は、過去の地磁気逆転が平均して約40万年に1回起こることを明らかにしている。また、最近の地磁気逆転は今から78万年前に起こっており、すでに逆転してもおかしくないだけの時間が過ぎたことも分かっている。さらに、地磁気逆転の前駆的現象として地磁気強度が減少すること、そして過去2,000年間で地磁気強度が約半分まで減少してきたこと（現在の地磁気強度は2,000年前の約半分という

こと）も明らかにしているのだ。もし、この地磁気強度減少傾向が今後も続くなら、あと 2,000 年を待たずして地磁気が逆転するのかもしれない。

　これからの時代には、地磁気変動の監視が極めて重要になってくると思う。我々文明を有する人類が経験したことのない地磁気逆転の時代がゆっくりだがやってくる可能性があるからだ。その時には、過去を研究するよりももっとストレートに、生物の進化や絶滅に地磁気が影響を及ぼしてきたのかどうかがわかると考えられる。その時代に私自身が生きていられないことはとても残念である。

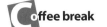

アメリカ映画「The Core」

　すでに述べたように、近年の地磁気強度の減少、そしてそれが続いて地磁気が逆転することは生物にとってその生存の脅威となる可能性がある。オーロラがどこからでも見られるようになるとのんきなことを言っている場合ではないのだ。渡り鳥や鳩は飛ぶべき方向を見失いさまようかもしれない。流入量が増大した高エネルギー粒子はペースメーカー、電波通信や電力供給を妨害するかもしれないのだ。2003 年のアメリカ映画「The Core（地球中心核）」の冒頭でその様子が映し出されている。どこまでが本当に起こりうることなのか、実のところ私たちには予想がつかない。おもしろい映画を作るという観点から考えてかなり大げさに描かれているのは明らかだ。けれど、このような映画で映し出されたような現象が少なからず起こることは明らかである。この映画と将来予想されることの大きな違いは、こういった現象が短期間で起こるのではなく、数百年、

数千年という時間をかけてゆっくり起こるということだ。

また、この映画では地球内部の液体状金属核の運動が停止したために徐々になくなっていく地磁気を扱っている。最終的には、地球の外核に人と核爆弾を送り込み、核爆発の衝撃で再び外核の運動を復活させて、めでたし、めでたしと終わる。そんなことができるはずもなく、冒頭より後のほとんどの話は壮大な大嘘の作り話である。

ただ、他に映画の場面でおもしろかったのは、推進力を失った地中潜行船が外核よりマントルを経由して地表まで帰還するくだりである。マントル中にあるマグマ上昇流に乗り、地表まであっという間に帰還するのだが、この上昇流の到達点はハワイ島近辺のホットスポットであった。つまり、実際に私たちが知っている科学的知識を最後に持ってくるところがおもしろかったのだ。ハワイのホットスポットは現在も活動中のキラウエア火山やロイヒ海底火山であり、ホットスポットのマグマはマントルで形成され、ゆっくり上昇してきていると考えられている。ただし、核とマントルの境界からホットスポットまでマグマの上昇が起こっているかどうかはまだ知られていない。さすがに映画では陸上のキラウエア火山の火口に地中潜行船を帰還させるわけにはいかず、地中から飛び出しても安全な、おそらくロイヒ海底火山と思われる海の中を選んだようだ。

余談ながら・・・、30年ほど前、東大の修士論文で「地球中心に人間が行けるか？」をテーマにした院生がいた。名付けて「コア計画」。彼の論文によると、直径10kmくらいの鉄の玉を作れば勝手に自らの重量で沈んで行き、地球内部の熱や粘性を入れて計算すると約100年で地球中心に達するのだそうだ。そんな巨大なものを工学的にどう作るかはさておき、地球上の鉄資源の量は十分であることを確認し、出発点は「地球の最も柔らかい所＝ハワイのホット

スポット」とすること、もちろん鉄球の中には人の居住環境があり、それが100年間維持できること、得られた地球内部データは地震波を使って地上に送信するなど、綿密な分析がなされていた。ただし、残念ながら帰ってくる手段についての考察はなく、100歳（以上）になった乗員はそこでそのまま任務を終えるという結末であった。

ホットスポット（Hot Spot）

　北太平洋には、ハワイ諸島がある。このハワイ諸島の島々の配列を見てみると、南東の端にハワイ島があり、そこから北西方向に向かってマウイ島、モロカイ島、オアフ島そしてカウアイ島といった旅行のパンフレットに出てくるなじみの島が順に並んでいる。さらに北西側にも島々が連なり、ニホア島、ネッカー島、レイサン島そしてミッドウェー島などの火山島がある。実はこれら島々の連なりは、さらに北北西側に延びている。ただし、ミッドウェー島より北北西側では天皇海山列と名前を変え、海水面下に沈んでいる（そのため、ハワイ諸島と同じく火山起源のこれら島々は海山と呼ばれる）。この海山列の並びの方向はハワイ諸島（南東－北西方向）とは異なり、南南東－北北西方向になっている。その結果、これら火山島列－海山列は北太平洋の海底に「く」の字の高まりの軌跡を作っている。

　これらハワイ諸島－天皇海山列の海底面からの高まりは、現在ハワイ島のキラウエア火山やロイヒ海底火山にある「ホットスポット」で作られた。ホットスポットの源はリソスフェア（プレート）より内部のマントルに固定されているので、これら一連の高まりは火山活動によって常に同じ場所（現在のハワイ島付近）で生成されてきた。だからハワイ諸島の島々の直線的配列は、プレートの移動に伴っ

て形成されたことになる。つまり、これら島々の並びこそがプレートの移動（海洋底拡大）の証拠ということになる。

　もし、前述のことが正しいのであれば、ハワイ島が最も若い島であり（生成年代は43万年前から現在）、オアフ島（同じく300万年前頃）、カウアイ島（510万年前）、・・・、そしてミッドウェー島（2,770万年前）、さらに天皇海山列の島々（4,300万年前〜7,000万年前）の順に古いということになる。それぞれの島を作る火山岩の年代測定結果（上記括弧内）はそのことが正しいことを示しており、ホットスポットがプレートの運動や海洋底拡大の証拠としてよく引用されている。ちなみに天皇海山列の海山には、推古、仁徳、応神、雄略、光孝そして明治などの日本の天皇の名前が付けられている。ただし、海山の生成年代と天皇の即位年代にはまったく何の関係もない。ところで、なぜ海山列が「く」の字に曲がっているかというと、約4,000万年前に太平洋プレートの動く方向が突然変わったからだと考えられている。

　「く」の字の軌跡を残すハワイ諸島－天皇海山列の他に、南太平

洋には火山島、サンゴ礁もしくは海山（ともにそれらの内部は火山）からなる、ライン−ツアモツ諸島列、クック−オーストラル諸島列がある。これら諸島列も「く」の字の軌跡を持っていて、ハワイ諸島−天皇海山列と同様に、それらの高まりを作ったホットスポットが諸島列の南東側に位置し、太平洋プレートの動きに伴って形成された火山列と考えられている。しかし、ハワイ諸島−天皇海山列で観測されるホットスポットからの距離と生成年代の関係がこれらの諸島列で成立するのかどうかの詳細はまだ明らかにされていない。

Chapter 6 大陸の形成と変形
——古地磁気学が明らかにしたこと

◉長い時間で平均した地球磁場の特徴

すでに述べたように、長い期間で平均すると、地球の磁場(地磁気)は地球中心に自転軸と平行に置いた磁石が作る磁場(地心双極子磁場)と同等である。地心双極子磁場では、地磁気極は自転極と一致するので、いかなる場所でも偏角は0°、すなわち方位磁針のN極は地理的な真北を指し、伏角は緯度と関連した値を持つ。すなわち、tan(伏角) = 2 × tan(緯度)という関係が成り立つ。

◉岩石が地球磁場を記録する！

岩石や堆積物などはそれら生成時の地磁気(古地磁気)情報を記録する。火山から噴出するマグマが冷却すると、安山岩や玄武岩など(これらを総称して火山岩と呼ぶ)が生成する。マグマの化学組成の違いが生成する岩石種を決めるが、これらの火山岩には少なからず強磁性を示す酸化鉄(小さな磁石そのものである)などの磁性鉱物が含まれている。マグマ冷却時に磁性鉱物の持つ磁気(自発磁化)が生成時の地磁気方向に揃い、地磁気方向を記録する。また、地磁気の強さに応じて個々の磁性鉱物の磁化の揃い方が変わるために地磁気の強弱も記録することになる。この磁気記録を熱残留磁化と呼ぶ。

堆積物の中にも酸化鉄などの磁性鉱物が含まれ、それら磁性鉱物の自発磁化が堆積時の地磁気方向に統計的に揃うことで、地磁

気方向や強度の情報を記録する。この磁気記録を堆積残留磁化と呼ぶ。堆積物は上に積もった堆積物の荷重（圧密）により水分が抜け、長い時間をかけて固い堆積岩に変わっていく。堆積岩は堆積後ある程度、堆積物中から水が抜けた頃の地磁気（古地磁気）情報を持っていると考えられている。このように、岩石の残留磁化は、いわば地磁気の化石なのだ。

地磁気の原因は酸化鉄か？

地磁気の原因、すなわち起源については現在ダイナモ作用が最も有力である。しかし、地球の外核におけるダイナモ作用で、地磁気を発生し、維持し、さらに極性逆転を起こすことができるかどうか、まだはっきりしていない。外核での鉄を主成分とする金属流体の動きやその駆動力など、物性について分からないことが多いためである。

では、核の主成分金属である鉄が強磁性を示す酸化鉄の状態で存在するならば、地磁気を発生することはできないだろうか？ 私たちがよく知っている一般的な磁石は強磁性の酸化鉄なのだから磁場を発生することができそうに思える。しかし残念ながら、地球中心付近は4,000℃程度の高温であると予想されている。こんなに高温では酸化鉄は強磁性を示さないのだ。

酸化鉄を徐々に熱していくと、ある温度以上で強磁性から常磁性に変わってしまう（自発磁化を生じる力が熱擾乱によって乱され、自発磁化がゼロになってしまう）。その結果、双極子磁場を発生しなくなる。例えば、自然界に存在する酸化鉄である、磁鉄鉱＝マグネタイト（Fe_3O_4）が強磁性を失う温度は585℃、また赤鉄鉱＝ヘ

マタイト（Fe_2O_3）では675℃である。これらの強磁性を失う温度は明らかに地球中心核内の温度よりも低い。核内の鉄が酸化鉄の状態であったとしても、核内が高温のため、磁場を発生することはできないのである。

この現象はピエール・キュリー（Pierre Curie、1859-1906）、すなわちマリー・キュリー（Marie Curie、1867-1934、有名なキュリー夫人）のご主人が発見した。そのため、磁性を失う温度をキュリー温度（またはキュリー点）と呼ぶ。ちなみにこの夫婦は「放射能」の研究でノーベル物理学賞を同時受賞している。また、キュリー夫人はその後、「ラジウムとポロニウムの発見」などでノーベル化学賞も受賞している。すごい女性である。

●岩石の残留磁化が示すテクトニック（造構的）な変動

古地磁気（過去の地球磁場）を研究する学者（古地磁気学者）は野外に出て、前述のような火山岩や堆積岩を採取する。採取時には、採取する岩石面の走向や傾斜（これらは岩石表面がどの方向を向いているかを示す情報）を岩石面に記録する。さらに、堆積岩の場合には堆積面の傾きなどの情報を測定した上で、岩石試料を採取する。実験室では、岩石試料を測定に適した形状に整形し、磁力計を用いて残留磁化を測定する。

残留磁化には岩石生成後に付け加わった磁気ノイズが含まれているので、種々の消磁という方法でその磁気ノイズを取り除いて、岩石生成時に獲得した残留磁化（初生的な磁化）を取り出す。さらに、それらの磁化測定結果に数学的な処理を施し、別の学者によって決定された岩石の年代を利用して、過去のある時点の地磁気方向や強度を明らかにする。これら一連の手続きを経て、過去

の地球磁場を復元する学問が古地磁気学である。

　このようにして決められた古地磁気方向を長い期間（10万年以上の期間）で平均すれば、岩石採取地域における時間平均された古地磁気方向が復元される（地磁気は時々刻々と変化しているので、ある時代の平均的な地磁気を復元するには、最低10万年程度の期間で観測される地磁気方向を平均する必要があると考えられているためである）。

　上記の手順で復元された古地磁気方向が、岩石採取地域において現在予想される地心双極子磁場方向と大きく異なることがある。この場合には、その違いを説明する必要が生じる。岩石採取、磁化測定、平均古地磁気方向の求め方や年代決定に間違いがないかを検討し、それらに問題がないならば、その平均古地磁気方向と予想される方向との違いは岩石採取地域を含む陸塊が何らかのテクトニックな（造構的な）変動を受けたと解釈される。

Coffee break

古地磁気データ解釈の例

　例えば、北緯30°にある仮想的な陸塊に、約1億年前に生成した岩石が広範囲に分布しているとしよう。それら岩石を多数の地点から採取し、残留磁化を測定し、さらにそれらが記録している古地磁気方向を正しい手順で求めたとしよう。その結果、偏角が西振り（反時計回り）50°（地理的北から時計回り回転を正にとるので、-50°）、伏角が0°（水平）だった。さて、この結果をどう解釈したらいいだろう？　正しい手順で得られた結果ということだから、10万年以上の期間の平均方向であることは問題ない。もし、この陸塊がテクトニックな変動を受けてない（テクトニックな移動がない）とすれ

ば、偏角は0°、伏角は、tan（伏角）＝2×tan（緯度）の関係式と北緯30°を使って求まる約49°となるはずだ。したがって、実際の測定された古地磁気方向と予想される方向の違いはテクトニックな動きがあったことを示しているのだ。つまり、-50°の偏角値はこの陸塊が反時計回りに50°だけ回転したこと、また0°の伏角値は、tan（伏角）＝2×tan（緯度）の関係式から求まるように緯度0°、すなわち赤道付近でこれらの岩石が生成したことを示している。まとめると、「この陸塊は今から1億年前に赤道付近にあり、その後北緯30°の位置に移動してきた。また、移動の間に反時計回りに50°回転した」となる。残念であるが、移動や回転の速度、それらの起こった時期や過程の詳細はこの結果だけからでは分からない。そのような詳細なテクトニック過程を知るには、同じ陸塊にある異なる年代の岩石に関する古地磁気情報やその他の地質学的、地球物理学的な情報が必要となる。

●地球磁場研究の重要性

古地磁気学の進歩によって、ヴェゲナーの考えた「大陸移動」の考えが1950年代以降になってよみがえった。北アメリカやヨーロッパなどの各大陸から求められた、古地磁気方向の変化（実際には、地心双極子磁場を仮定して古地磁気方向から決められた磁極の移動曲線－Apparent Polar Wander Path、APWP）から、大陸移動の詳細が分かるようになった。海洋底拡大が海洋底の地磁気異常から明らかになったように、地球磁場の研究は地球のテクトニックな運動を理解するのにも大いに役立ったわけである。

再び、ホットスポット（Hot Spot）

太平洋にあるライン-ツアモツ諸島列やクック-オーストラル諸島列もホットスポットにより形成された島々の可能性があることはすでに述べた。残念ながら、ハワイ諸島-天皇海山列のように研究が進んでおらず、その詳細は未だに不明である。

1979年、私（森永）がまだ大学院修士課程1年生の時、オーストラル諸島とツアモツ諸島で行われた「ホットスポット仮説」を証明するための調査に連れていってもらった。ツアモツ諸島はフランス領で、観光地として有名なタヒチ島などがある。私は学部生の時、第2外国語としてフランス語を学んだ（当時、理系学生は普通ドイツ語を選択履修した）。私が通訳として役に立つかもしれないということで先生が連れて行ってくれたのである。実際はほとんど役に立たなかったが、何か人と違っていることをしていれば、（滅多に行くことのできない所へ行けるといった）恩恵を受けることもあるのだ。

タヒチ島を起点としていくつかの島（ほとんどはサンゴ礁＝環礁の島。環礁は本当に美しい！ ぜひ本物を堪能して欲しい）に移動し、その島に1週間滞在しながら地球磁場の測定を行った。実は人があまり住んでいない島なので、1週間に1回しか定期飛行便がなかったのである。私たち下っ端の学生の仕事は、磁力計を曳航しながら環礁内を進むボートの軌跡をトランシット（標準方向［＝地磁気の北方向］とボートとの間の角度を測定する望遠鏡のような装置）で決めることだった。早朝に環礁内の離れ小島に連れて行かれ、夕方迎えに来てもらうまで、ただひたすら地磁気強度を測定するボート

の動きを追跡した。今から思えば、周りに誰もいない常夏の小島で過ごせたとても優雅で、幸せな時間だったと思う。

そのようにして測定された地磁気強度とボートの軌跡に基づいて、環礁内部や周辺の地磁気強度分布図を作成する。次に、調査した環礁における標準的地球磁場を引き去った地磁気異常と環礁下にある火山体の形状モデルを用いて、火山体が生成時に記録した地球磁場、すなわち残留磁化を計算する。計算された残留磁化の伏角値と'tan（伏角）＝2×tan（緯度）'の関係式を使って火山体形成場所の緯度を求めることができるのである。共通するホットスポットでオーストラル諸島やツアモツ諸島の島々が順次形成したのであれば、計算によりそれぞれの島から同じ緯度の形成場所が決まるはずであった。

上記の一連の研究（森永と片尾が関与）でいくつかの成果を残すことができたが、「ホットスポット仮説」を証明するには十分ではなかった。現在でも、ラインーツアモツ諸島列やクックーオーストラル諸島列の形成過程についての明解な解答は得られていない。

●インドーアジアの衝突とその影響

中生代の中頃（ジュラ紀）にはインド亜大陸（「亜」は「準ずる」という意味）はまだアフリカ大陸の南東部の一部であった。その頃から始まった大陸の分裂により、インド亜大陸は北上し始め、そして4,000万年前の新生代にユーラシア大陸に衝突した。その後もインド亜大陸の北上は続いており、その結果、衝突付近のアジアには南北方向に約1,500km程度の短縮が起こったと考えられている。これら一連の現象は、インド亜大陸とアフリカ大陸の間に海嶺ができ海洋底拡大が起こってきたことと、ユーラシア大

陸の南側に海溝があり、そこにかつてユーラシア大陸とインド亜大陸間に存在した海洋底プレートが沈み込んでいったということを示している。インドおよびユーラシアの両大陸はどちらも相対的に軽い岩石からなるので、相対的に重い海洋底プレートが海溝で沈み込んだ後には両大陸は衝突するしかなく、どちらかが沈み込むということができずにいる。インドとアジアは、相撲でいうところの「がっぷり四つ」に組んだ状態にある。

ユーラシア大陸南側の、約1,500kmの短縮に伴ってインドの北側にはヒマラヤ山脈とチベット高原などの高まりが作られた。インドとアジアの衝突はその影響だけではなく、衝突域の北東側（中国）を東側に、そして東側（インドシナ）を南東方向に押し出したことが粘土を用いたモデル実験や、さらに地質学的および古地磁気学的な研究から実際に明らかになってきている。このような現象を押し出しテクトニクス（extrusion tectonics）と呼んでいる。こういった現象が知られるようになるまではプレート内部は変形しないと考えられてきたが、今ではプレート内部の変形も考えるようになってきている。

すでに述べたように、過去の地磁気、すなわち古地磁気の伏角を調べれば陸塊の南北（緯度）方向の動きを復元できる。こういった、インドシナがインド‐アジアの衝突により南東側に押し出された可能性は主に古地磁気学の成果から支持されている。

赤色砂岩（さがん）

中国内陸の農村部に行くとその付近で採れる岩石を使って家の壁が作られている。中国南部にある、九州と同程度の大きさを持つ海

南島では玄武岩を使った家を多く見かけた。現地の人から聞いた話では、まず家を建てたいと思う場所の地下を掘り下げ、建材に使う玄武岩を掘り出す。そしてそれを壁材として利用して、その場所に家を建てるのだそうだ。中国北部の農村では石灰岩を建材に利用している家を多く見かけた。また、中国南部では、赤色砂岩という赤い色をした砂岩を建材に利用していた。このように、現地で採れる石は家を建てるのに重宝されている。

　私（森永）は中国南東部の古地磁気を調べて、インドーアジア衝突の影響がどこまでそしてどの程度及んでいるかをテーマに過去数年研究していた。中国白亜紀（衝突以前）の古地磁気を決めるのに最も適した岩石は実は赤色砂岩であり、中国での現地調査ではこの岩石を見つけ、採取することが最も重要な仕事になる。地質図上には赤色砂岩の分布域が記されているが、実際にはその地質図通りにどこにでもあるわけではない。多くの場合、農村部の道を車で移動しながら道沿いの家が赤色砂岩を使って作られていないかを注意深く観察する。もし、そのような家が見つかればその家の住人にどこで採取したかを聞いて、試料採取の場所を探り当てるのである。重い石を大量に運搬するのは大変な労力を要するので、必ず採取場所は近いところにある。必要とする岩石を探すのにこれほど確かな情報はなく、このやり方は大いに役立つ。

　ちなみに、赤色砂岩が赤色なのは酸化鉄（赤鉄鉱＝ヘマタイト；Fe_2O_3）が大量に含まれているためである。また、ヘマタイトを大量に含むことから、赤色砂岩が作られていた（赤い砂が堆積していた）当時にその周辺地域が乾燥した気候であったことが推測できる。つまり、中国に広く分布する赤色砂岩は白亜紀（1億3,500万年前〜6,500万年前）の頃、当時の中国付近が乾燥気候であったことを

示している。

　なお、有名なオーストラリアのエアーズ・ロック（ウルル）とオルガス（カタ・ジュタ）も、赤色砂岩や赤色礫岩からなる美しい天然の構造物であるが、赤いのは表面付近に限られる（つまり、内部は普通の色、灰色っぽい砂岩や礫岩である）。人類紀になってからの乾燥気候により赤く変色したようだ。

中国江西省の白亜紀赤色砂岩の露出風景

飛行機から見たウルル（＝エアーズロック、オーストラリア）

丹波竜

　2006年に兵庫県丹波市で草食恐竜（竜脚類のティタノサウルス形類：学名：タンバティタニス・アミキティアエと命名された）のしっぽ付近の化石骨が多数見つかった。その後、現在までに首や頭部以外の化石骨が多数見つかった。他にも、ほ乳類の化石骨、新卵属・新卵種の獣脚類恐竜の卵殻（学名：ニッポノウーリサス・ラモーサス）やティラノサウルス類の前顎歯など多種多様の化石が見つかっている。発見された化石については、兵庫県立人と自然の博物館のホームページ（http://hitohaku.jp/）に詳しく挙げられているので、そちらをごらんいただきたい。この恐竜化石が見つかったのは篠山層群と呼ばれる地層中で、そのうちの前期白亜紀（1億4千万〜1億2千万年前頃？）に堆積したと考えられる赤色砂岩中であった。すでに述べたように、赤色砂岩は中国南東部でよく見かける岩石で

兵庫県丹波市の丹波竜化石発掘地点
（コンクリートで覆われている所）

あり、大陸特有の岩石である。そういった岩石が日本で見つかることは稀であるが、変動帯である日本の地質学的な歴史を研究するのに適している。

　日本列島は白亜紀（1億年前後）頃には東アジアの一部であり、なおかつもっと南にあったと考えられている。その後、横ずれ断層に沿って北上した地塊が日本列島の母体であると考えられているのだ。丹波竜が見つかった篠山層群がどこで堆積したのかという研究テーマは、丹波竜の生息していた場所（地球上の位置）を決めるというだけでなく、日本が元々東アジアのどの辺りに張り付いていたかを知る上で重要なのである。すでに述べたように古地磁気学は岩石の生成場所、特に緯度を決める情報として極めて有力であるので、これを使って篠山層群の生成場所を決める研究が私（森永）たちの研究グループにより進められた。結果は学会発表に留まっているが、篠山層群の生成場所は現在の位置とほとんど変わっていないことが分かっている。

日本列島の形成

　日本列島は太平洋に隣接しており、ユーラシア大陸から離れた陸地になっている。しかし、古地磁気学は、「かつて日本列島がユーラシア大陸と接しており、今から約1,500万年前に大陸から分裂し、列島として形成された」と考えられる証拠を提出している。日本列島の本州は逆'く'の字の形をしている。その形状もあって、地質学では本州を東北日本と西南日本に、大きく分けて考える。これまでの古地磁気研究によって、東北日本に分布する1,500万年より古い岩石の記録している古地磁気方向が求められ、-20°〜-30°（西振り）の偏角が得られている。一方、西南日本では、1,500万年よ

り古い岩石の古地磁気方向は 60°〜70°（東振り）の偏角を示すことが知られている。また、伏角については、それぞれの現在の緯度で予想されるものとさほど違いがないことも分かっている。

　すでに述べたように、10 万年より長い期間で平均したとき地磁気方向は地心双極子磁場と同等になり、その場合偏角は 0°となる。したがって、東北日本や西南日本でそれぞれ観測される西振り偏角や東振り偏角は、それらの陸塊が回転移動したことで説明される。つまり、東北日本は 20°〜30°の反時計回りに、また西南日本は 60°〜70°の時計回りに回転したと説明される。また、1,500 万年より古い岩石で認められ、それ以降の岩石で認められないということは、その回転移動が約 1,500 万年前頃に起こったことを示しているのだ。

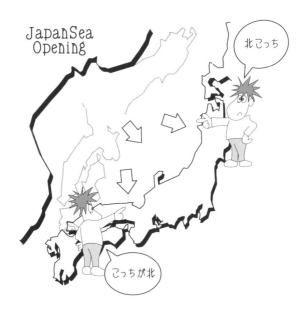

このように、日本列島は約1,500万年前にユーラシア大陸から、観音開きの扉が開くように回転移動し遠ざかっていった。日本列島ができる際、拡大してできた海が現在の日本海ということになる（現在、この海をなんと呼ぶか議論があるようだが、日本海形成過程を理解できたのだから「日本海」と読んでいいのではないだろうか！韓国の国民には理解されないかもしれないが、この話を聞いた皆さんはどう思うだろう？）。日本列島の逆'く'の字形にはそんな出来事が記録されているのだ。

Chapter 7 い〜〜湯だな♪　火山のお話

◉火山がもたらすもの

　皆さんは、「火山」と聞いて何を思い浮かべるのだろう？まだ記憶に新しい2014年9月の御嶽山の火山噴火でしょうか!? 噴き上がった噴煙が刻々と迫る画像がニュースでも繰り返し放映され、今でもその様子が目に浮かぶようである。残念ながら、この噴火で58名の尊い命が奪われ、ほかに5名の行方不明者を出す結果となってしまった。九州にお住まいの皆さんは1991年に発生した雲仙普賢岳の火砕流災害を思い浮かべるかも知れない。この災害でも、報道関係者や火山研究者など43名が亡くなった。これらの火山噴火の様子、特に噴煙が迫ってくる様子は、今でもユーチューブで見ることができるので、一度ご覧になることを勧める。

　世界的には、さらに大きな火山噴火災害が報告されている。20世紀最大の火山噴火としては1991年のピナツボ火山の噴火が挙げられる。この火山噴火では、噴煙が地上から高度40km近くに達し、成層圏にまで微粒子を供給した。成層圏に達した微粒子は、雨などで洗い流されることなく、長期にわたって太陽の日射を弱めた。そのために、世界的に異常気象が引き起こされたといわれている。日本での1993年の戦後最悪の冷夏は、このピナツボ火山の噴火と関係があるのではと考えられている。幸いにも、この噴火では大噴火以前に避難指示があり、30万人もの人々が避難したため、人的な被害はほとんど報告されていない。

　イタリアの「ポンペイ」はユネスコの世界歴史遺産に登録され

ている(正確には「ポンペイ、ヘルクラネウムおよびトッレ・アンヌンツィアータの遺跡地域」の一部)。この街は、西暦79年ヴェスヴィオ火山の大噴火により町全体が厚さ5mにもいたる火山灰に埋もれてしまった。1700年代に再発見され発掘が進むにつれ、火山灰層の中に人や動物の形をした空洞が多数発見された。その空洞に石灰を流し込んで被災当時の人々の様子が復元・保存されている。

　火山は、有史以降しばしば甚大な災害をもたらしてきた。しかし、日本人の大好きな温泉も火山と深い関わりがある。温泉の多くは火山の元となる「マグマ」の熱により暖められ、またマグマの揮発性成分(気体になりやすい成分)を取り込んで、色々なタイプの温泉ができ上がる。また、日本を代表する「富士山」のあの綺麗な形を作り上げたのも火山活動である。この章では、火山活動について述べていくことにしよう。

◉新しい海洋プレートを作り出す海嶺

　ここまで、本書をお読みくださった皆さんには「今さら」といわれそうだが、もう一度火山の分布を復習してみよう。世界地図に火山の位置をプロットすると、その分布には規則性が見られる。

　1つは、新しい海洋地殻・プレートを作り出す「**海嶺**」上の分布である。1960年代にプレートテクトニクスが登場し、山脈の形成や沈み込み帯での巨大地震など、多くの地質現象が説明できるようになった。また、海嶺において新しい海洋プレートが生み出されていることも明らかとなった。しかし、プレート移動の原動力はプレートテクトニクスからは知ることができない。プレートテクトニクスに引き続き、1990年代にはプルームテクトニク

スの考え方が、深尾良夫氏（元東京大学地震研究所長、現海洋研究開発機構）を中心に提案されている。プレートテクトニクスが、アセノスフェア（低速度層）より上のリソスフェア（プレート）の主として水平の運動を記述するのに対して、プルームテクトニクスはマントル内の対流運動を説明している。プルームとは、「煙や雲の柱」を意味する言葉であり、マントル内を周辺よりも温かい部分が上昇するのをホットプルームとよぶ。上昇する部分があれば必ず沈む部分があり、周りよりも冷たい部分は下降する。これをコールドプルームとよぶ。大西洋や東太平洋の海嶺は、このホットプルームの上昇によりマグマが生成し、海洋プレートを作り出している。プルーム自体は、液体のマグマではなく固体のマントル物質である。アフリカ大陸の東部地域でもホットプルームの上昇により、現在火山活動が活発である。そのため、エチオピ

ケニア・ナイロビで撮影した大地溝帯。写真中央の低地が大地溝帯で、今まさにアフリカ大陸が割れようとしている。（2004年、山本撮影）

ア〜ケニア〜タンザニアにかけて大地溝帯とよばれる大地の割れ目が発達している。この大地溝帯を境に、いずれアフリカ大陸は離ればなれになり、その割れ目に新しい海洋が出現するであろう。

温かいマントルが上昇すると、なぜマントルが溶けてマグマが生じるのであろうか？ 一般に、物質の融点（溶けはじめる温度）や沸点（沸騰する温度）は圧力によって変化する。温かいマントル物質が上昇すると圧力が低下し、溶融開始温度が下がるためにマントルが溶けはじめてマグマを生成する。私たちの台所では水は約100℃で沸騰するが、気圧の低い高山ではより低い温度でお湯が沸騰するのを思い浮かべてもらえば、上昇するマントルがより低温で溶け出すことを理解してもらえるだろう。

著者の一人である山本が名古屋大学の大学院生のとき、当時助教授だった深尾先生はマントル内の地震波速度構造を3次元で表す試みをされていた。これは、地震波トモグラフィーとよばれ、マントル内に地震波速度の速い部分（周りよりも冷たい部分）と遅い部分（温かい部分）があることを地球の断面図を用いて説明されていた。これが、後にプルームテクトニクスへと発展した。

Coffee break

ケニア調査

私（山本）は2003年〜2005年、土地の浸食調査のためにケニアに3度出かけた。ケニアは1963年にイギリスから独立し、公用語はスワヒリ語と英語である。英語が堪能な方は、ケニアで困ることはなかろう。

初めてのアフリカ大陸での調査で、日本では経験できない多くのことを知ることとなった。まず第1に、アフリカ・ケニアといえば、

赤道直下、キリンや象、そしてライオンがいて大変暑い国と想像していた。しかし、飛行機で到着したケニアの首都ナイロビは一年を通して最高気温20℃〜23℃、最低気温10℃〜13℃と大変過ごしやすい大都市（人口は約340万人）であった。これは、ナイロビが高度1,600mの高地にあるためである。調査はビクトリア湖畔のキスムという町を拠点に行ったが、キスムは大地溝帯を挟んだナイロビとは反対側の大地にあり、同様に標高1,200mの高地にあり大変涼しいことに驚いた。また、ナイロビからキスムに向かう途中に国立公園が点在し、日本では動物園でしか見ることができないシマウマ、キリン、ダチョウ、そしてインパラなどを道路脇に見ることができた。

　ケニアといえばキリマンジャロ、キリマンジャロといえばコーヒーと思うが、いざケニアへ行ってみると紅茶畑が広大に拡がっており、紅茶の輸出量ではスリランカに続いて世界第2位につけている。ケニアでのお茶づくりは1903年にインドから茶の苗木が持ち込まれて始まったといわれている。ケニアの食べ物といえば、やはりニャマチョマで、「ニャマ」は肉、「チョマ」は焼くこと、すなわち焼き肉である。ヤギの肉をアッサリ塩味で焼いてあり、臭みもなく大変美味しい。イモの一種であるキャッサバとトウモロコシの粉を練って蒸した「ウガリ」と一緒に食べれば、あなたもケニア通！

　ケニア南部の大地溝帯には、マガディ湖という湖がある。この湖の真中には公道が通っている。それはなぜか？　この湖は大地溝帯の底にあり、気温は40℃近くにも達することがある。湖周辺から溶け出した成分や温泉の成分がこの湖に持ち込まれるが、激しい蒸発のために溶解度を越えドンドンと炭酸ナトリウム結晶（正確には$Na_3(CO_3)(HCO_3)\cdot 2H_2O$、トロナとよばれる）が析出し湖を覆っているため、道路を設けることができているからだ。

マガディ湖の真ん中で撮影した湖の様子。湖畔にマガディ・ソーダ工場が見える（2005年、山本撮影）

ケニアのマサイマラ国立保護区では、ライオンや象をはじめ多くの野生動物を間近に見ることができる。洋風のロッジがあり、宿泊の心配もないので、機会があれば是非とも訪れて頂きたい。

◉沈み込み帯に分布する火山

海嶺から拡がってきた海洋プレートが沈み込む「沈み込み帯」に沿っても、多くの火山が分布している。特に太平洋をグルッと回るように分布する火山群は、環太平洋火山帯とよばれている。太平洋プレートが沈み込むところでは、ニュージーランド〜パプアニューギニア〜伊豆－マリアナ諸島〜日本列島〜アリューシャン列島と総延長2万kmにもおよぶ火山帯が続く。特に、日本列島には活火山（火山噴火予知連絡会や気象庁は「過去1万年以内に噴火した火山および現在活発な噴気活動のある火山」を活火山と定義している）が111あり、世界の約1割に相当する火山が密

集している。日本から地球の反対側の南米では、ナスカプレートが南米プレートに沈み込むアルゼンチンからコロンビアにかけて多数の火山が見られる。また、アンデス山脈の形成には、火山が大きな役割を担っている。

　なぜ沈み込み帯で火山が多く分布するのであろうか？　これには、沈み込むプレートから放出される「水」が大きく関わっていると考えられている。沈み込むプレートは海嶺で生まれて、一年に数〜10cm程度の速度で海嶺から離れて沈み込み帯へと向かう。その間に、海洋プレート上部の玄武岩を構成する鉱物やガラスは海水との反応により粘土など水を含んだ鉱物へと変化を遂げる。また、海洋プレートに沈み積もった堆積物は間隙水として海水を含む。このプレートが沈み込み帯で地下深部に沈み込むと、粘土鉱物などは高温高圧状態で安定な鉱物へと変化すると同時に水を放出する。放出された水は沈み込むプレートの上にあるマントル（ウエッジマントル）に供給される。水を取り込んだマントルはその溶融開始温度が下がり、部分溶融しマグマが生成すると考えられている。水が付加することにより、200℃程度の溶融開始温度低下があるとの報告もある。このようにして生成したマグマはマントルの岩石に比べて比重が軽く、そのため上昇して火山活動を引き起こす。このマグマの噴出が日本列島で火山を形成するのである。

●もう1つの火山：ホットスポット

　ハワイ島は太平洋プレートの中にポツンと火山として存在する。国立公園として有名なアメリカ・ワイオミング州のイエローストーンも、沈み込み帯とは関係のない位置で火山活動を起こし

ている。その他にも20くらいの火山が海嶺や沈み込みとは無関係に存在する。これらの火山はホットスポットとよばれている。ホットスポットは、海嶺と同様にホットプルームの上昇によると考えられている。大規模なホットプルームが地表に達すると海嶺を形成するのに対して、ホットスポットは小規模なホットプルームの上昇によるものと考えられている。ホットスポットでつくられたハワイ諸島や天皇海山列がプレートテクトニクスの証拠となったことは、第5章のCoffee break「**ホットスポット」に紹介しているので、それ**を参考にしてほしい。

●火山の噴火様式とマグマの性質

　火山噴火の様式は様々である。ハワイ・マウナケア火山の溶岩のようにダラダラと流れ、耐火服があればすぐ近くに行けるような噴火もあれば、2017年現在も活動している霧島山（新燃岳）のように、入山規制を行い火口から約3kmで噴石や火山ガスに警戒するよう呼び掛ける必要のある爆発的な噴火もある。

　このような噴火の仕方の違いは、主としてマグマの粘性によって決まっている。粘性を決める要因としては、マグマの温度と化学組成が重要である。温度が高ければ高いほど粘性は小さくなり、流れやすいマグマとなる。また、マグマの主成分はシリカ（SiO_2）であるが、シリカ含有量が低いほど粘性は小さくなる。一般に、シリカ含有量の低い玄武岩質マグマはマントルから速く上昇するため温度が高く1,000〜1,200℃くらいなのに対して、シリカ含有量の高い流紋岩質マグマは粘性が高く、地表にあがってくるまでに時間を要するため600〜900℃程度と温度が低くなる。また、マグマは水や二酸化炭素などの揮発性成分を含んでいる。粘性の

低いマグマではこれらの揮発性成分が抜けやすいが、粘性が高いマグマでは揮発性成分をマグマ内にため込んでいる。また、マグマが地下深くにあるときには高い圧力がかかっているが、地上付近では圧力の低下とともに含まれる気体の体積が膨張する。地下深くでは液体で存在した水はマグマの上昇(すなわち圧力の低下)とともに気体（水蒸気）へと変化する。水1ミリリットル（1g）が水蒸気になると体積は1.24リットルにもなり、1,000倍以上の体積増加を生む。このように、粘性の低いマグマ内部は高い圧力となり、その結果、爆発的な噴火をすることとなる。

　マグマが噴出する様子をテレビで見たことがある読者は多いと思う。ハワイのマウナケア山やキラウエア山のように、爆発を起こさず、溶岩が比較的速く流れる噴火様式を「**ハワイ式噴火**」とよぶ。これは、粘性が低く揮発性成分が少ないためである。

　ハワイ式噴火を起こすマグマよりも少し粘性があがると、マグマ内の気体が間欠的に小爆発を起こしつつ溶岩が流れる「**ストロンボリ式噴火**」となる。2013年以降、小笠原諸島の西ノ島がストロンボリ式噴火を起こし、島の形を刻々と変えたことはニュースでも伝えられ記憶に新しい。ストロンボリ火山は、イタリア半島とシチリア島の間にあるストロンボリ島の火山で、この噴火様式の名前の由来となっている。

　さらに粘性が高い安山岩質マグマになると、爆発に伴って火山灰や火山弾を放出する「**ブルカノ式噴火**」となる。富士山、霧島山（新燃岳）や桜島などの日本の火山の多くはこのタイプに属する。ブルカノ式噴火は富士山のように綺麗な成層火山をつくる。ブルカノ火山は、ストロンボリ島の近くにあるブルカノ島にある火山で、爆発的噴火を繰り返した火山である。火山を意味する英

語のVolcanoはこのブルカノ（Vulcano）からきている。

さらに粘性が高くなると「**プレー式噴火**」となり、溶岩の塊（溶岩尖塔）が山頂から押し出され、その溶岩が爆発や崩壊を起こし、溶岩内に貯まったガスを噴出しつつ熱雲となって斜面を下る。1991年の雲仙普賢岳の火砕流災害は、このプレー式噴火によって引き起こされた災害である。

イタリア「ポンペイ」の街を壊滅状態にしたヴェスヴィオ火山の噴火は「**プリニー式噴火**」とよばれる。一般に、プリニー式噴火は流紋岩質マグマのようにシリカ含有量が高く粘性の高いマグマにより発生する。膨大な量の火山灰や噴石を放出し、火山ガスを含んだ噴煙が成層圏（高度10km以上）に達することもある。なお、プリニー式噴火の名前は、ヴェスヴィオ火山の噴火を調査した大プリニウス（Gaius Plinius Secundus、西暦22-79年）にちなんで命名された。富士山の東肩に小さな出っ張りがあるが、これは1707年に発生した宝永大噴火によってできたものであり、プリニー式噴火により当時の江戸、すなわち現在の東京にも火山灰が積もった。

Coffee break

水蒸気爆発：2014年9月の御嶽山の火山噴火

火山の噴火様式について説明してきたが、火山噴火にはマグマが地表に現れない場合もある。2014年9月に御嶽山で起きた噴火でも、マグマ本体は地表まで達していない。その証拠に、噴火で生成した火山灰の構成粒子は変質した岩片からなっており、マグマが固結した新しい粒子は含まれていない。では、なぜあれほど爆発的な噴火を引き起こしたのであろうか。御嶽山の地下には、今でもマグ

マが存在しており、地獄谷付近の地下にあった熱水溜まりがこのマグマによる加熱で急膨張、突沸し噴出にいたったと考えられる。すなわち、水蒸気の力が山体の一部を吹き飛ばしたため「水蒸気爆発」とよばれる。2014年11月に実施された火山噴火予知連絡会御嶽山総合観測班地質チームらによる山頂付近の噴出物の現地状況調査によれば、剣ヶ峰山頂付近で火山灰は最大厚み35cm、直径20cmから30cmの噴石は火口から北方向に1.3kmまで到達していたと報告されている。

　火山噴火の予知は、火山性地震の観測や火山体膨張の計測など色々な情報に基づいて行われる。9月27日の噴火に先立って、10日と11日に合わせて138回火山性地震が観測され、12日に気象庁は「火山灰等の噴出の可能性」を発表し、各自治体にも通知している。その後、火山性地震の発生は1日に20回以下の小康状態を

噴火2日後（2014年9月29日）の御嶽山（写真提供：名古屋大学大学院環境学研究科附属 地震火山研究センターの山岡耕春教授）

保ったこと、火山体の膨張が観測されなかったことから、噴火警戒レベル1を引き上げ、変更することはなかった。そして、9月27日11時52分の突然の噴火へといたってしまった。地震予知同様に、火山噴火予知の難しさを物語る災害であった。

　1979年10月にも御嶽山は水蒸気爆発を起こしている。当時、私（山本）が所属していた研究室は、毎年御嶽山の噴気ガスを採集していたため、噴火の1ヶ月後火山ガスの採取を目的とし私も御嶽山に登った。標高が3,000mの御嶽山の11月は非常に寒く、積もった火山灰は含んだ水分とともに完全に凍った状態で、登るには支障がなかった。しかし、噴火口付近に行くと、火山の熱で火山灰がドロドロに溶けた状態で、ふくらはぎくらいまで火山灰に埋もれながら火山ガスの採集を行ったことを覚えている。そして、調査が終わって帰宅後、泥の付いた綿のズボンを洗濯したら、泥の付いたところに穴が空いていた。火山ガス成分の二酸化硫黄が酸化し硫酸となったため、綿が侵されて穴が空いたものと考えられる。

カメルーン・ニオス湖の二酸化炭素災害

　1980年代に、それまで例を見ない新しいタイプの火山災害がアフリカのカメルーンで発生した。それは、マヌーン湖（1984年8月）ならびにニオス湖（1986年8月）から突如大量の二酸化炭素ガスが噴出し、谷沿いの部落を襲ったため、多くの住民（ニオス湖では1,746名、マヌーン湖では37名）と多数の家畜が中毒死したという災害である。両湖はカメルーン火山列のオク火山帯に位置し、マグマ水蒸気爆発によってできた火口に水が溜まってできた湖であり、ニオス湖は東西1.2km、南北1.8km、深さ208mであり、マヌーン湖は東西1.5km、南北0.5km、深さ100m程度である。

1984年にマヌーン湖で災害が起きたときには原因が分からず、テロ事件の可能性や火山ガスの噴出が疑われたが、後の調査でマヌーン湖からの二酸化炭素の大量噴出であることが明らかとなった。日下部実氏（現在、岡山大学名誉教授・富山大学客員教授）の2002年の「カメルーン・ニオス湖ガス災害と地球化学」の論文（地球化学、36巻137ページ）によれば、2001年の測定ではニオス湖の低層水には15,000mg/L、マヌーン湖には9,000mg/Lにもおよぶ二酸化炭素が溶けていると報告されている。ニオス湖の場合、1リットルの水に8.4リットルの二酸化炭素が溶けていることになる。なんらかの要因で、この低層水が上昇すれば圧力が低下し、溶けていた二酸化炭素が発泡し、二酸化炭素ガスを生じる。発生した二酸化炭素ガスの上昇に伴って周りの二酸化炭素を多量に含んだ水も上昇し、さらに二酸化炭素ガスを発生することとなる。いったん、この過程が起きると、連鎖的にこの過程が進み、多量の二酸化炭素ガスの噴出（湖水爆発とよぶ）となる。マヌーン湖の災害では、地震による地滑りがきっかけとなって低層水の上昇が起き、災害につながったと考えられている。一方、ニオス湖災害については諸説あるものの、その原因がハッキリしていないのが現状である。二酸化炭素の分子量は44と大気（平均分子量28.8）よりも大きく、空気よりも重いため、噴出した二酸化炭素ガスは谷に沿って周辺の村々を襲い、多くの人々や家畜を犠牲にしたのである。

　このような災害を繰り返さないために、ODA（政府開発援助）「火口湖ガス災害防止の総合対策と人材育成プロジェクト」により深層から二酸化炭素を強制的に噴出させる試みが2011年〜2016年に行われた。このプロジェクトの詳細は、ODA見える化サイト（https://www.jica.go.jp/oda/project/1000710/）に写真入りで

掲載されている。

なぜこの災害が火山災害に含まれるかといえば、両方の湖に二酸化炭素を供給しているのが火成活動であるためである。ニオス湖、マヌーン湖の地下にマグマ溜まりが存在し、そのマグマ溜まりから大量の二酸化炭素が放出され、その二酸化炭素が地下水に溶け込み両湖の低層に供給されていると考えられている。このことは溶けている二酸化炭素の炭素同位体やヘリウムの同位体組成の特徴から推測されている。

英文で恐縮だが、ニオス湖ならびにマヌーン湖での災害に関して、日下部実氏が50ページにもおよぶモノグラフ（http://www.terrapub.co.jp/onlinemonographs/gems/pdf/01/0101.pdf）を書かれている。無料でダウンロードできるので、写真だけでもご覧頂きたい。日下部先生は1986年の湖水爆発の発生後、国際緊急援助隊員として初めて同国を訪問し、その後30年にわたり40回以上もカメルーンを訪れ、湖水爆発のメカニズムの解明と災害の再発防止へ向けた国際的な枠組みづくりや人材育成等に携わり同国大統領より勲章を受勲されている。

●火山がもたらすのは災害だけではない！

火山は、これまでに見てきたように、様々な災害を引き起こしてきた。火山国日本では、これからも色々な火山災害に遭遇する可能性は高い。しかし、火山はこのような災害を引き起こすだけではなく、様々な恵みも与えてくれている。例えば、日本の風光明媚な地形のほとんどは火山が作り上げている。その代表が富士山で、北海道には俗称を含めて○○富士とよばれる山が16カ所もあるとのこと。火山活動が作り上げた富士山がいかに日本人の

心にしみこんでいるかを物語っている。

　ほかにも、ゆったりノンビリ「温泉！」こそ、誰もが認める火山の恵みである。また、私たちの目には直接触れることはないが、多くの金属鉱床が火山活動の副産物として生まれている。さらには、「ポンペイ」という古代都市を壊滅状態にした火砕流であるが、そのときにつくられた岩石を使って歴史遺産もつくられている。その他にも、石材や肥沃な土壌を提供してくれるという恵みがあるが、ここでは温泉、金属鉱床と火砕流でできた岩石を用いた歴史遺産について紹介しよう。まずは歴史遺産について。

◉歴史遺産

　兵庫県高砂市の竜山(たつやま)付近で採取される石材は各種の製品に加工され、そして各地に送り出された。そのため、古代から全国的に「竜山石(たつやまいし)」として有名であった。この岩石は、約1億年前に兵庫県の中播磨地域にあった火山の噴火に伴って起こった火砕流が冷えてできた**流紋岩**（SiO_2 が70%以上、「流れ模様＝流理構造」が見られる）質の**凝灰岩**（火山噴出物が固まった岩石）である。凝灰岩は成因により火山岩にも堆積岩にも分類されるが、竜山石はわずかに溶結（噴出後に熱で噴出物の一部が溶融すなわち溶けて、固まること）しているので火山岩に分類できる。同一時期の火山噴火によってできた凝灰岩は、高砂市内にとどまらず、周辺の姫路市、加古川市、加西市などにも分布している。そのため採取地域ごとに呼び名が異なる。代表的なものでは、加西市の「**長石**(おさいし)」や「**高室石**(たかむろいし)」、加古川市の「**池尻石**(いけじりいし)」などがある。

　この凝灰岩の広い分布域より、このときの火砕流がとても大規模であったことが窺える。おそらく、1991年6月の雲仙・普賢

岳の大火砕流よりも大規模であったと予想できる。火砕流はマグマが発泡したり、崩落して粉砕され、高温のガスとともに山肌を高速で流れる現象である。なんと、時速100kmを超える速さのものもあるそうだ。この地域で起こったかつての大火砕流のときには、近くにいた恐竜たちはとても驚いたことであろう。

　古代から「竜山石」が有名だったのには理由がある。それは「古代の大王の墓」に利用されたからである。墓といっても当時の大王の墓といえば「古墳」であり、古墳の中の石室、遺体を納めた石棺などの材料として竜山石が利用された。2007年5月に高松塚古墳で石室が解体され、内部壁画の修復が始まったが、この石室にも竜山石が使われている可能性がある。もし、そうでないとしても、同種の流紋岩質の凝灰岩が使われているだろう。凝灰岩

竜山石を用いてつくられた「石の宝殿」（高さ約5.4m、幅約6.4m、奥行き約7.2mで重さ推定約500トンの巨石）

は、見た目は美しくないのだが、比較的軟らかい石（といっても、手で崩せるような軟らかさではない）なので、古墳時代の技術で石室の壁石や石棺に加工しやすい岩石だったのだと考えられる。兵庫県播磨地域で有名な「石の宝殿」は竜山石を使った不思議な造形品である。

　また、竜山石は世界文化遺産である「姫路城」の石垣にも多数利用されている。つまり、戦国時代につくられたために近隣で産出する岩石を利用するという性急な方法がとられているのだ。所々に、石棺、灯籠、五輪塔や石臼などの「転用材」が石垣に利用されているが、羽柴秀吉が築城の際に石集めに困ったためだと伝えられている。ちなみに大阪城の石垣には花崗岩が使われているため、石垣そのものは大阪城の方がはるかに美しい。でも、残念ながら、大阪城は世界文化遺産に指定されていない。なぜなら、大阪城の天守閣は、第一代目が1615年の大阪夏の陣で焼失し、

お色直しをすませた世界文化遺産「姫路城」

1626年に再建された第二代目もその39年後に落雷により焼失している。現在の天守閣は1931年に再建された鉄筋コンクリート製である（エレベーターまでついている）。これではさすがに世界文化遺産には登録できない。一方、姫路城は1609年築城当時のまま保存されており、世界文化遺産にふさわしい歴史的建造物なのだ。

●色々な鉱床

火成作用の主役をなすのはマグマである。マグマは、主としてマントルが部分的に溶けてできた液体である。この液体のマグマがマグマ溜まりで冷えはじめると鉱物が析出し、重い鉱物はマグマの中で沈むことになる。このときに、ニッケル、コバルト、クロムや白金族元素等を多く含んだ重い鉱物が集積し鉱床となる。このような生成過程を持つ鉱床を「**正マグマ鉱床**」とよぶ。ロシアのノリリスク・タルナフ鉱床は、世界最大のニッケル・銅・パラジウム鉱床で、2.5億年前のシベリア・トラップとよばれる非常に活発な火成活動の際に形成されたといわれる。なお、この火成活動に伴う急激な気候変動によって、古生代と中生代の間の生物大量絶滅(P-T境界：二畳紀Permianと三畳紀Triassicの境界)が引き起こされたと考える研究者もいる。

一方、マグマが次々と鉱物を晶出しながら化学組成が進化（これを結晶分化とよぶ）し、最後に残った残液が火成岩の割れ目などに入って、タングステン、リチウム、ベリリウム、ウランや希土類元素などの有用金属を含んだ鉱石を晶出する。このようにしてできる鉱床を「**ペグマタイト鉱床**」とよぶ。日本では三大ペグマタイトとして、福島県石川町および水晶山一帯、岐阜県苗木地

方、長野県木曽田立および滋賀県田上山が挙げられているが、いずれも規模が小さく採掘はなされていない。

　また、マグマから放出される高温の水やマグマによって熱せられた地下水などを「熱水」という。この熱水が周りの岩石と反応して、色々な金属元素を溶かし込み、温度や圧力の低下とともにその金属を含む鉱物を結晶化して形成される鉱床を「**熱水鉱床**」とよぶ。熱水鉱床からは、金、銀、銅、鉛や亜鉛などの有用金属が採集されている。これらの金属のうち、金は熱水作用によって形成された石英の脈に含まれていることが多く、現在日本では鹿児島県伊佐市の菱刈鉱山のみで採掘されている。通常、金鉱石は1トン当たり数グラムの金を含んでいれば採算が取れるとされるが、菱刈鉱山は1トン当たり平均50グラムにも達し、世界でも最高水準の金鉱山といわれている。金と銀は化学的な挙動が似通っており、金のほかに銀も採掘されている。

　銅鉱山といえば、良くも悪くも足尾銅山が有名であるが、これも熱水鉱床である。銅鉱山では、鉱石として黄銅鉱（Chalcopyrite、$CuFeS_2$）が主であるが、化学組成で見るとイオウ（S）と結びついており、このようにイオウと結合した鉱物を硫化鉱物という。銅のほかに、鉛は方鉛鉱（Galena、PbS）、亜鉛は閃亜鉛鉱（Sphalerite、ZnS）として熱水鉱床の代表的な鉱物である。

　このほかにも、マグマから発生する熱水が炭酸塩岩に作用してできるスカルン鉱床も熱水鉱床に含まれる。スカルン鉱床でも、銅、亜鉛や鉛などの有用金属の鉱床ができる。このように、火成活動によって、多くの鉱床ができ、現在の我々の生活を支えてくれている。なお、火成作用が関係しない鉱床もあるので、これが鉱床のすべてではない。

●さぁて、温泉だぁ！

火成作用が我々にもたらす一番の恩恵は温泉かも知れない。温泉にゆったりつかって、お風呂上がりの冷えたビール！ 極楽、極楽！とはしゃぐ前に、まずは温泉の定義をハッキリさせておこう。

温泉の定義は、温泉法（昭和23年7月公布）第2条第1項によって定められている。

1. 泉源における水温が摂氏25度以上
2. 以下の成分のうち、いずれか1つ以上のものを、温泉水1kg中に含む。
   (1) 溶存物質（ガス性のものを除く）総量1000mg
   (2) 遊離炭酸（CO_2）250mg以上
   (3) リチウムイオン（Li^+）1mg以上
   (4) ストロンチウムイオン（Sr^{2+}）10mg以上

その他に、バリウム、鉄、臭素やフッ素などの溶存イオン濃度等19項目で定義されている。環境省が報告している「平成27年度温泉利用状況」によれば、日本には全国で2,084カ所の温泉地数があり、源泉は27,000余とされている。ちなみに、温泉地数は北海道が245でトップであるが、源泉数では4,342で大分県が他を圧倒して多い。これらの温泉すべてが火山と関係があるかといえば、・・・ 答えは「ノー」である。

地球は、地表から地下へ潜っていくと徐々に温度があがっていく。この地下深度に対する温度上昇の割合を地温勾配とよぶ。地表から地下10kmまでの地温勾配は、2.5～3.0℃/100mといわれている。もし、地表の水（平均気温の15℃としよう）が、地下500mまで潜ると、12.5℃～15℃の温度上昇となり、地表水は27.5℃～30℃の地下水となる。この水をボーリングして汲み上げ

れば、温泉の定義の摂氏25℃を越えるため、温泉と認定される。このように火山とは無関係の温泉は「**非火山性温泉**」と分類される。非火山性温泉では、溶存物質量の少ない「単純温泉」や、海岸に近いところでは海水が混入し「塩化物泉」となる場合もある。有名どころでは、岐阜県・下呂温泉が単純泉、静岡県・熱海温泉や石川県・片山津温泉が塩化物泉とされている。

　地下水がマグマの熱で暖められ、またマグマからの揮発性成分を含んで、断層などの割れ目に沿って地表に湧き出たり、人工的にボーリングなどで汲み上げられる温泉は「**火山性温泉**」と分類される。マグマ成分を含んだ温かい地下水は、地下を移動する間に周辺岩石と反応することで、色々な成分を溶かし出したりして様々な泉質の温泉がつくられる。マグマからの揮発性成分は火山ガスと共通するものであり、主要な成分は水蒸気（H_2O）であり、ほかに塩化水素（HCl）、二酸化硫黄（SO_2）、硫化水素（H_2S）や二酸化炭素（CO_2）を含んでいる。これらの成分を火山性温泉は含み「塩化物泉」、「炭酸水素塩泉」、「硫酸塩泉」、「二酸化炭素泉」や「硫黄泉」などが生まれる。共通の火山ガスからこのような温泉のタイプが分かれるのは、それぞれのガスの揮発性が関係していると考えられる。例えば、塩化水素が水に混ざると塩酸となり、強い酸性を示す。このような酸性の水には二酸化炭素は溶けることができず、分離され移動することになる。ニオス湖に二酸化炭素が供給されるのは、このような過程で二酸化炭素が分離され、中性の地下水に溶解するためと考えられる。また、二酸化硫黄から生じる亜硫酸や硫酸は塩化水素よりも揮発性が低く、塩化水素をガスとして分離することができる。このように、各揮発性成分の分離や岩石との反応により、色々なタイプの温泉に分化する。

なお、温泉に行くと「イオウの臭いがする」とよくいうが、イオウは無臭であり、正確には「硫化水素」の臭いである。お間違いのないように。

　温泉のお話の最後にもう少し。福島第1原発事故以来、放射線に対して日本人は大変ナーバスになっているように思う。しかし、温泉の中には「放射能泉」とよばれるグループが存在し、矛盾するようだが、痛風や循環器障害、悪性腫瘍の成長を阻害などの効能があると、有り難く放射線を浴びている人々もいる。これらの温泉には、放射性元素であるラジウムやラドンが含まれている。これらのラジウムやラドンは、ウランが放射壊変をして安定な鉛に変化する途中の生成物であるため、ウラン濃度が高い花崗岩地域でよく見られる。日本では鳥取県・三朝温泉、兵庫県・有馬温泉、広島県・湯来温泉などが放射能泉として有名である。

offee break

恐るべし…玉川温泉

　秋田県仙北市にある玉川温泉は、異常なほど低いpHを示す「酸性泉」として有名である。なんと、pH 1.2！　この低いpHの素は硫酸である。このような温泉に入るのは、かなり勇気がいりますね？　そこで、初心者は1％の温泉＋99％の水、50％温泉＋50％水、100％温泉と、順に強酸性に体を慣らしていくとのこと。でも勇気がいるよなぁ。

　玉川温泉は観光目的の温泉ではなく、療養・静養を目的とした湯治温泉である。入浴の効能としては、循環器系統の疾患、貧血症ならびに白血球減少症、皮膚病など多くが挙げられており、温泉水を飲むことで胃潰瘍、胃酸過多や慢性肝炎などの効用がたくさん列挙

されている。1932年以降、湯治希望者が絶えないところを見ると、なんらかの効果があるのでしょうね、きっと！

この温泉は、低いpHとともに、その噴出量の多さも特徴である。温度98℃、pH1.2の温泉水が毎分9,000リットルも噴出している。この大量の温泉水が下流に流れれば、田畑を荒らしたり、魚が死滅したりして「玉川毒水」ともよばれていた。そこで、1930年代に玉川温泉から出る酸性水を田沢湖に流し弱酸化する事業を行ったが、クニマスなどの豊富な魚類が死滅するにいたった。現在では、温泉水を中和する施設をつくり、玉川毒水の問題は解決されている。しかし、田沢湖の環境はいまだ完全に復活するにはいたっていない。

私（山本）は、神戸大学時代に玉川温泉の珪酸沈殿物（天然記念物の北斗石ではない）の試料採取に玉川温泉に出かけた。鉄製ハンマーで温泉水中の沈殿物を取りだし、試料採取が無事終了と車に戻った10分後には、既に新しいハンマーが錆だらけになっていた。本当に恐るべし … 玉川温泉。

重さの違う大気！乾いた空気と湿った空気、どちらが重い？

●アボガドロの法則

さぁ、皆さん！ タイトルの質問の答えを考えてみてほしい。いろいろと論理的に考えて答えの出せる人はご自由にお考えいただいたらいい。だが、もしそんな面倒な思考をしたくない人は、経験的もしくは直感的に答えを出してみてほしい。

・・・・・（しばし、時間をおいて）

おそらく多くの皆さんが「湿った空気の方が重い」と考えたのではないだろうか？ えっ、違う？ そうあってくれないとこれからの話ができなくなってしまう！ なぜなら、正解は「乾いた空気が重い！」だからだ。う〜ん、まぁ、気にせず説明していこう。

この問題を示されたとき、おそらく何名かの皆さんは温度や圧力の条件を与えてくれなければ、考えられない！ とご不満をお持ちになったかもしれない。ということで、もっと具体的に、「ともに20℃、1気圧そして同体積で湿度のみ異なる、例えば、湿度50％（乾いた空気）と80％（湿った空気）の空気はどちらが重いか？」と質問しよう。この温度・圧力条件と20℃、1気圧の飽和水蒸気圧を調べれば、適当に体積を考えて具体的に重さを計算できる。したい人は挑戦してみてほしい。そうすれば、答えは「湿度50％の乾いた空気の方が重い」となる。

「温度と圧力の条件が同じであれば、容積の同じ容器中に含まれる気体分子の個数は、その種類によらず同じ」になる。これは高等学校の化学で学んだ、「アボガドロの法則」を少し言い換え

たものだ。具体的には、0℃、1気圧の気体22.4リットル中には、6.02×10^{23}個の気体分子が、気体の種類に関係なく含まれている。だから、湿度が50%であろうと80%であろうと、温度と圧力の状態が同じであれば、同じ体積の空気中には同じ数の気体分子が含まれていることになる。湿気というと液体の水（H_2O）が空気中に含まれていると間違って想像しがちだが、空気中の湿り気を担っているのは、気体状態にある水＝水蒸気である。

◉**大気組成**

さて、ちょっと話題を変えて、空気もしくは大気とはどんなものなのか？　私達は空気を吸い、その中の酸素（O_2）を肺に取り入れて、体の中での化学反応に利用している。空気中にはこの酸素よりもたくさんの窒素（N_2）が含まれている。つまり、大気の組成で最も多いのは、存在量が1〜2.5%と変動する水蒸気を除いて、窒素(78%)、次に酸素(21%)、そして3番目はアルゴン（Ar、

0.9％）であり、最近よく耳にする二酸化炭素（CO_2）は4番目で、アルゴンの20分の1以下の存在量（1960年に0.031％くらいであったが、2017年現在0.040％を越えさらに増加中である。大気中の二酸化炭素濃度変動は、スクリップス海洋研究所のホームページ https://www.esrl.noaa.gov/gmd/ccgg/trends/ で見ることができる）である。これらの気体が混合されて大気は作られている。

酸素と窒素

　ちなみに、酸素は化学反応性の高い気体である。だから我々はそれを体内に取り入れて、他の物質との化学反応で得られる化学エネルギーを利用して生活している。もし、酸素がなければこの化学反応が起こらないので生きていけない。また、逆に多すぎても化学反応が起こりすぎて、どんどん体内の物質が反応してしまう。そのため、老化が進むということが起こるのかもしれないし、酸素が普通以上に多いことは必ずしもいいことではない。一方、窒素は化学反応性の極めて低い気体である。そのため空気中にたくさんあっても窒素の弊害を私たちは受けずにすんでいる。

　ダイビングでは、この窒素が弊害をもたらすことがある。30m以深のダイビングでは水圧が普段の4倍以上になる。そのため窒素が血液中にとけ込み、「窒素酔い」という症状を起こすのだそうだ（私は酒に酔ったことはあるが、まだ窒素に酔ったことはない）。そのため、ダイバーは気持ちよくなり（酔っぱらい）、場合によっては水中での唯一の生存手段であるマスクをはずし、溺れて亡くなることがあるのだそうだ。そういった海の深所へのダイビングでは窒素の代わりにヘリウム（He）を入れている。ヘリウムはアルゴンと

同様に不活性ガス（化学反応性のないガス）なので、体内で悪さをしない。でも、ヘリウムは声を高くするという愉快な現象を起こす。体験したことがある人は多いと思う。

● **直感は正しくない!?**

さて、本題に戻ろう。これまでの説明でわかったと思うが、湿度のある空気というのは空気の主成分である窒素や酸素の代わりに水蒸気が含まれている（水蒸気が置き換わっている）ことになる。では、ここでそれぞれの気体の分子量を思い出してみよう。窒素は分子量28、酸素の分子量は32、そして水蒸気は分子量18である。ということは、湿度の高い空気ほど、より重い窒素や酸素の代わりにより軽い水蒸気を含んでいることになるので‥‥。そう、湿度の高い湿った空気ほど軽い、また逆に湿度の低い乾燥した空気ほど重いことになる。厳密ないい方をすると、湿った空気は密度が低い、そして乾いた空気は密度が高いということになる。最初に示した答えは、ちゃんと筋道をたどって考えたら間違ってないことが証明される。多くの人が逆の感覚やイメージを持っていたと思う。私たちの持っている自然に対するイメージというのは、この例でわかるように間違っていることが多々ある。何となくそうだと思っている「イメージ」を鵜呑みにせず、一度じっくり確かめてみる必要があるだろう。

● **雨はなぜ降るの?**

さぁ、今まで考えてきたことを地球の現象に当てはめて考えてみよう。「雨はなぜ降るのだろう？」ということをまじめに考えたことはあるだろうか？　先日小学校の先生向けに科学の話をし

たとき、子ども達に「どうして雨が降るの？」と聞かれたら、「どう答えるか？」と聞いてみた。ある女性の先生は「お空が悲しくなって泣いているのよ」とロマンチックに説明するとお答えになった。確かに小さな子どもに聞かれたときには、そんな答えが可愛くて、そして夢があっていい。でも、さすがに中学生以上に聞かれたときにはそれなりにしっかりとした説明が必要になる。もう1人の男性の先生は、「湿った空気が山肌に沿って上昇し、（上空の方が温度が低いので）空気が冷却されて水蒸気が液体の水、すなわち雨になって降ってきます」と説明するとお答えになった。これはかなり科学的で間違いではないのだが、「では、山がないと雨は降らないのですか？」とさらに質問すると答えられなくなってしまった。

もう皆さんは徐々にお気づきだと思うが、湿度の違いが空気の密度を変えるのだから山がなくても空気は上昇する。もし、同じ温度・圧力条件で湿った空気と乾いた空気が隣り合わせにあり、両者がより接近しようとすれば、密度の小さい空気、すなわち湿った空気の方が、密度の大きい空気、つまり乾いた空気の上に移動する。そのようにして湿った空気が上昇すれば、空気は冷やされる。冷やされれば、その空気の飽和水蒸気圧が変わるので、水蒸気（気体）のままでは存在できない分だけ水（液体）＝雨となって降ってくる。

●低気圧と高気圧

低気圧と高気圧という気象の専門用語を知っていると思う。一般に低気圧、例えば台風＝熱帯性低気圧が近づいてくると雨が降るということも知っているだろう。低気圧すなわち低い圧力の

空気の塊のことだが、これを言い換えると、密度の小さい空気の塊となる。密度の小さい空気の塊が移動して高気圧＝密度の大きな空気の塊と接すると、その上方に移動する。つまり、湿った空気が乾いた空気の上方に移動する。その結果湿った空気の塊は冷やされ、水蒸気（気体）が水（液体）＝雨になって降ってくるのだ。ついでに言っておくが、この過程が地表の熱を地球から宇宙に逃がすメカニズムになっているのだ。もし、皆さんの直感どおりに「湿った空気の方が重い」と、地球は熱を地球外に逃がせず、灼熱地獄になっていただろう。

　以上のように、単純な問題（湿った空気と乾いた空気の重さ比較の問題）をちゃんと考えて理解できれば、もっと高度な問題である気象現象だってちゃんと答えられるようになる。どうか皆さん、単純にイメージしている事柄を今一度深く考えてみて欲しい。そうすれば、別の現象との関連が見えてきて、知っている事柄がもっとおもしろくなると思う。学校で学んできた知識は連綿と関連し合っているのだ。

Coffee break

梅雨時はなぜ鬱陶しい？

　ところで、湿度の高い空気はなぜ鬱陶しい、もしくは暑く感じるのだろう？　その前に気温について現象的に考えてみよう。気温、すなわち気体の温度は気体分子の運動速度に比例している。分子運動速度が速ければ、気温が高くなる。私たちは夏の暑い日には必ず「今日は暑いなぁ」と言う。でも、気体の分子運動速度が気温に関係するという現象を理解した今日からは、「今日は（気体がいつもより激しく動いているから）痛いなぁ」と言うべきである！・・・。も

ちろん、冗談！　そんなことを言ったら、他人に変な目で見られることだろう。

　温度と湿度が高く鬱陶しい時に私たちはうちわや扇風機で風を起こして、その鬱陶しさを凌ぐ。周りの空気の温度が同じにもかかわらず、その暑い空気をかき混ぜるわけだ。このように、温度の同じ空気をかき混ぜるだけで涼しいと感じるのはなぜだろう？　実は、気化熱が関係している。私たちの体にまとわりついた空気には体から出てきた水分（汗）が水蒸気となって溶け込む。この過程を通して、私たちは涼しく感じる。すなわち、汗が水蒸気になるときに私たちの体温を利用してくれる、つまり体から熱を気化熱として取り去ってくれるからである。

　しかし、その過程が終わった後、体にまとわりついている空気にはたくさんの水蒸気が溶け込んでいる。その水蒸気量が飽和していたら（飽和水蒸気圧に達していたら、つまり湿度 100% になっていたら）、その空気に水蒸気はもう溶け込めない。いくら汗を出しても、涼しくなれない。そこで、私たちはその水蒸気がたくさん溶け込んだ空気を、うちわや扇風機を使って体から引き離す。そして、水蒸気がまだ飽和していない（湿度 100% 未満の）空気を体のそばに運ぶ。そうすると、また汗が水蒸気になれるので、その時体温が下がり、涼しく感じるのだ。単純なうちわで扇ぐという行為にもこんなたいそうな理由がある。また、クーラーが扇風機などより効率よく涼しくしてくれるのは、除湿（空気中から湿度を取り去る）効果が備わっているからであり、常に汗が水蒸気になる（体温を下げる）環境を作り出してくれるからだ。

乾燥地域での缶ビールの冷やし方

　恐竜化石を好きな人は世の中には多い。モンゴル・ゴビ砂漠（"ゴビ"とは"砂漠"を意味する言葉なので、"ゴビ砂漠"とは"砂漠砂漠"である）は、種々の恐竜化石を産出することで有名であり、ウランバートル市には「本物」の恐竜化石を多数展示している博物館がある。そのゴビ砂漠に調査に行く時のとっておき情報！

　砂漠なので夏場の昼は大変暑いが、電気などは来ていない。調査の合間にビールを一杯、といっても冷たいビールは望むこともできない！　ところが、水と薄い紙があればビールを冷やすことができる。非常に乾燥しているので、缶ビールに薄い紙を巻き付け、その紙を水でしめらせる。すると、水がドンドンと蒸発し、気化熱を缶ビールから奪う。それを繰り返すと、冷えたビールが出来上がる！

　ただし、周りが暑いので、少し冷えただけで冷たい印象を受けるだけかも知れない。機会があれば、是非ともお試しあれ。

Chapter 9

軽いものは上に、重いものは下に！
―古気候を復元する

◉水を作るもの―水素と酸素

　大陸リソスフェアと海洋リソスフェアでは密度が異なる。そのため、その両者が衝突するときには重い海洋リソスフェアが大陸リソスフェアの下に沈み込む。このことは「**高い山はいつまでも高く、深い海はいつまでも深い！ なぜ？**」の章で、海溝における現象として述べた。ここでは、もう少しミクロな、同様の現象を考えてみよう。

　実は、両極の氷床や氷河として固定されている氷を作る水の重さは海を作る水の重さより軽い！「何を言っている！ 氷河の水も海の水も分子量18の水分子からできている！ 重さの違う水が存在するなんて習ってない！」と不思議に思ったかもしれない。でも、確かに水分子には重さの違ういくつかの種類が存在するのだ。そして、両極の氷を作る水には海の水よりもわずかだが軽い水が多く含まれているのだ。

　水分子を作っているのは、誰でも知っているように水素原子（H）と酸素原子（O）である。水素には質量数1、2、3の ^1H、^2H（D：デュートリウム＝二重水素）、^3H（T：トリチウム＝三重水素）という重さの違う3つの同位体がある。また、酸素には質量数16、17、18の ^{16}O、^{17}O、^{18}O の3つの同位体（それぞれに特別な名称は与えられていない）がある。元素の種類（すなわち、化学的性質）を決める原子核内の陽子数は、水素では1である。したがって、^1H では陽子1個のみ、D（^2H）では陽子1個と中性子1個、

そしてT(^{3}H)では陽子1個と中性子2個が原子核に含まれている。酸素においても同様で、^{16}Oの原子核には8個の陽子と8個の中性子が含まれており、^{17}Oと^{18}Oでは陽子数は同じだが、それぞれ中性子数が9個と10個というように、中性子の数だけが違っている。

質量数の違う水素と酸素のそれぞれ3つの同位体のうち、トリチウム＝T（^{3}H）のみが放射性同位体で、他はすべて安定同位体である。トリチウムは宇宙線に含まれる中性子や陽子が大気中の窒素や酸素と核反応して生成する。そういった天然での生成過程の他に、原子炉内でリチウムに中性子を照射しても作られる。トリチウムは水素爆弾の製造に使用されたり（製造されては困るのだが）、分子生物学の実験などで放射性同位元素標識（トレーサー）として用いられている。トリチウムは、放射線の一種であるβ（ベータ）線（電子）を放出しながら、12.3年の半減期（元の数の半分が壊変する時間）を経てヘリウムの安定同位体^{3}Heに壊変していく。

放射性同位体であり、その量が変動するトリチウムを除く、水素と酸素の安定同位体それぞれの存在度は以下の通りである。

水素：^{1}H = 99.985 %　　^{2}H = 0.015 %

酸素：^{16}O = 99.762 %　　^{17}O = 0.038 %　　^{18}O = 0.200 %

これらの安定同位体の組み合わせで水分子は作られる。当然のことながら存在度の大きな^{1}Hと^{16}Oの組み合わせからなる最も軽い水分子（^{1}H^{1}H^{16}O：分子量18）が圧倒的に多いことが容易に理解できる。しかし、^{2}H^{2}H^{18}O（分子量22）という組み合わせの最も重い水分子も極めてわずかだが存在するのである。放射性同

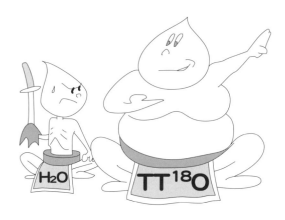

位体であるトリチウムも考えるなら、$TT^{18}O$（$^3H^3H^{18}O$）という、なんと分子量24の水分子も存在することになる。その存在確率はメチャクチャ低いのだが・・・。また、酸素では奇数の質量を持つ^{17}Oの存在度は偶数の質量の^{16}Oや^{18}Oの存在度よりも低い。したがって、宇宙化学では、以前には^{16}Oと^{18}Oの存在比を用いて種々の現象を議論していたが、^{17}Oを無視していたために後に大きなどんでん返しをくらうことになったそうである。参考までに、種々の分子量の水の存在量を以下に示しておこう。

$^1H^1H^{16}O = H_2O = 99.732$ %
$^2H^1H^{16}O = DHO = 0.0150$ %
$^2H^2H^{16}O = D_2O = 2.24 \times 10^{-6}$ %
$^1H^1H^{17}O = H_2{}^{17}O = 0.038$ %
$^1H^1H^{18}O = H_2{}^{18}O = 0.200$ %
$^2H^1H^{18}O = DH^{18}O = 3.00 \times 10^{-5}$ %

やはり、H_2O（分子量18）が一番多いことが分かる。次に多

いのが $H_2^{18}O$、その次が $H_2^{17}O$、3番目が DHO である。重い同位体を2つ以上含む分子の存在確率は圧倒的に小さくなっている。

Coffee break

放射性同位体と安定同位体

放射性同位体は放射線を出しながら壊変（放射性壊変）し、別の元素に変わっていく同位体のことで、ウランやプルトニウムがよく知られている。放射性壊変の時に生じる核エネルギーを利用して電気を作る過程が原子力発電で、現在人類はこのエネルギーをたくさん利用している（「**放射線を正しく理解しよう！**」の章を参照）。放射性同位体（親元素）はそれぞれ特有の時間を経て別の元素（娘元素）に変わっていくが、こういった性質を利用して岩石などの生成年代の決定が行われている。この方法を放射年代決定法と呼ぶ。隕石の年代も放射年代決定法により決められている（「**年令を決める**」の章を参照）。

安定同位体は、放射性同位体とは異なり、放射線を出しながら壊変しない。といっても、まったく壊変しないのではなく、宇宙や地球の歴史、つまり数十億年から数百億年程度の時間では壊変しないという意味である。万物はすべて姿を変えていく、すなわち「万物は流転する」というルールは安定同位体にも適用される。

●重い水ほど動きにくい

たくさんの学生が講義を受けている教室の中で火事が起こる。警報器が鳴り、皆が一斉に出口へと向かう。このとき、逃げ遅れそうなのはどちらかというと、（運動能力が同じだとすれば）体重の大きな学生ではないかと思う。例えが悪く、「偏見だ」とお

叱りを受けるかもしれないが、言いたいことは「重いものほど動きにくい」ということである。

不適切・不穏当な例だったかもしれない。寄り道せず、本論にはいることにしよう。やかんの中の水をコンロで温めているところをイメージして欲しい。水はどんどん温められ、お湯になっていく。お湯の温度が100℃（これはあくまでも1気圧の下でのことである）になると、お湯（水）は液体ではいられなくなり、気体＝水蒸気となってやかんの中から出ていく。このように液体の水が蒸発するときには、優先的に軽い水（$^{1}H^{1}H^{16}O$）が水蒸気に変わる。また逆に水蒸気が凝縮して水に変わるときには、重い方が液体の水になりやすい、といった性質があるのである。

このことは、太陽に照らされた海、湖そして川から水が蒸発して水蒸気が生成するときにも成立する。つまり、水蒸気になる水の方が元の水よりも（ほんのわずかだが）軽くなるのである。また、水蒸気は雲を作り、雲は大気によって運ばれ、別のところで雨を降らす。雨が生成する凝縮過程では、重い水分子が優先的に液体の水になるので、早くに降ってくる雨には重い水分子がより多く含まれていて（ほんのわずかだが）重い。こういった、降水の重さの違いが生じる要因は他にもある。例えば、温度が高いほど重い（温度効果）、高緯度ほど軽い（緯度効果）、標高が高いほど軽い（高度効果）、そして海岸から離れた内陸の方が軽い（内陸効果）などである。これらの要因により、雨の源である海の水よりも両極地方で降る雨水の方が軽くなる（軽い水の比率が高くなる）。その結果、それらが凍ってできた氷河や氷床の氷は海の水より軽い水からできていることになる。これで、この項目の最初の方で述べたことが説明できた。では、過去の気候変動、古気

候の復元について述べていこう。

●海のプランクトンが過去の気候変動を記録する！

海には多種多様の生物が棲んでおり、海水を体内に取り入れながら生きている。それら生物の中に、原生生物に分類される有孔虫がいる。いわゆるプランクトンで、石灰質（$CaCO_3$）の殻を持っている。サンゴと同様、体内には細胞内共生体として藻類を持っており、藻類が光合成で作る栄養をもらって生きている。殻を構成する$CaCO_3$は海水に含まれる元素を利用して作られているので、過去にさかのぼってこの殻を分析することで海水そのものの特性変化を復元できる。

すでに述べたような緯度効果のために、南極と北極の氷河や氷床には海水を構成する水のうち軽い水が選択的に取り込まれている。氷期のように寒い季節にはよりたくさんの軽い水が氷河や氷床を形成するのだから、海水中には重い水が相対的に多くなっている。また、より暖かい間氷期にはその逆のことがいえる。このような海水中の重い水、すなわち重い水素や酸素からなる水の存在比は、その時々に海水中で生育している生物体内にも記録されていることになる。有孔虫の殻が$CaCO_3$であることから、ここでは酸素の安定同位体に関してのみ考えていくことにする。つまり、有孔虫の殻である$CaCO_3$の酸素には海水中の^{18}O（重い酸素）と^{16}O（軽い酸素）の存在比が記録されていることになる（^{18}Oは^{17}Oよりもほぼ1桁高い存在度なので、^{17}Oではなく^{18}Oに注目するのである）。

氷河や氷床が拡大する寒い時期には、氷として軽い酸素（^{16}O）を含む水が選択的に取り込まれているので、海水中には重い酸素

(^{18}O) が暖かい時期よりも相対的に多くなる。その結果、その寒い時期に海水中に生育している有孔虫の殻（$CaCO_3$）に含まれる重い酸素（^{18}O）の存在度は高くなる。また、暖かい時期には氷河や氷床が縮小するので、これとは逆のことが成り立つ。

1950年代から分析されてきた深海底堆積物中の浮遊性有孔虫化石（$CaCO_3$の殻）の酸素安定同位体比は、はじめ水温に関係していると考えられたが、現在では氷河や氷床の消長、言い換えれば海水量の増減を表していると考えられている。その結果、私たち人類が誕生し、繁栄している時代、すなわち人類紀（約200万年前以降、第四紀と呼ばれてきた）は、氷河の拡大した時代と減少した時代、すなわち氷期と間氷期が繰り返し起こっている氷河期であることがわかってきた。今は氷河期の中の間氷期にあたるが、過去のサイクルから見れば、やがて（この'やがて'の意味は地質学的な時間感覚で考えて欲しい。つまり人間の感覚である数年や数十年ではない！）間氷期も終わり、寒い時代＝氷期が始まってもおかしくはない。

●気候変動の原因

気候変動の原因に関する説には色々なものがある。その中には自然そのものに原因を求めるものや人為的な原因に求めるものの両方がある。前者では、太陽活動そのものが変動するため地球の受ける日射量が変動するという考えや、火山活動が活発になり太陽放射を遮る雲が増加し寒冷化するという考え方などがある。確かに太陽には11年周期などの種々の周期の活動変化があり、14世紀中頃から19世紀中頃の小氷期の原因として有力な考えとなっている。太陽活動は太陽表面の黒点数に対応し、この小氷期

には黒点数が極めて少なかったことが知られている。なお、この小氷期に対応する太陽黒点活動の低下した時期をマウンダー極小期と呼ぶ。後者の人為的な原因では、特に最近話題になっている、地球温暖化の原因と考えられている化石燃料消費に伴う大気中の二酸化炭素濃度の増加などがある。

　しかし、深海底堆積物中の浮遊性有孔虫化石の酸素安定同位体比が示す氷河や氷床の消長（海水量の増減）、すなわち人類紀の気候変動パターンには、地球軌道要素変動が最も大きな影響を及ぼしていると考えられている。つまり、太陽からの距離（地球軌道の離心率）、自転軸の歳差運動、そして自転軸の傾き（傾斜角）の変化に連動して起こる、太陽から地球が受ける日射量の変動が大きな原因と考えられているのだ。1930年に最初にこの考えを述べたミランコビッチ（Milutin Milankovitch、1879-1958）にちなんで、この日射量変動をミランコビッチサイクルと呼ぶ。ミランコビッチサイクルが人類紀の気候変動を示す浮遊性有孔虫化石の酸素安定同位体比（$\delta^{18}O$値、標準物質の$^{18}O/^{16}O$に対する試

料の $^{18}O/^{16}O$ の千分率偏差で表す）の変動によく合うことがわかっている。

 以上のように、地球には人類が手の出しようのない長周期な気候変動が存在する。近年さけばれている「地球温暖化」には、人為的な原因、すなわち化石燃料消費に伴う大気中の二酸化炭素濃度の増加が関与しているとされるが、この長期的な気候変動とどう絡み合っていくのかを考慮した上で将来の気候変動を考えていくべきではないだろうか。そのためには、もっと過去にさかのぼって、そしてもっと詳しく過去の気候変動史を明らかにしていかなければならない。

チベットの気候変動を解明する！

 1988年夏、私（森永）は神戸大学と中国科学院の共同研究でチベット高原に行った。主な研究目的は「チベット高原における過去の気候変動復元」であった。チベット高原中央部にある色林錯（チーリンツォ）という湖で湖底堆積物を採取し、さらに周辺の地形調査などを行った。色林錯は琵琶湖の3倍程度の大きな湖で、サンゴ礁を思わせるコバルトブルーの水からなるとても美しい湖だった。湖水に塩分が溶け込んだ、いわゆる塩湖である。湖岸で中国科学院が北京からトラックで運んできた材木、ドラム缶そして太い針金で筏を造り、その上にコアラーという湖底から円柱状の堆積物（堆積物コアと呼ぶ）を採取する装置を据え付けた。また、日本から輸送した船外機付きゴムボートで筏を曳航し、移動させた。色林錯は標高4,000mの高度にあるため大気圧（空気の濃度）が地表の60%く

らいになっている（ちなみに、高度 5,500m で地表の大気圧の半分）。当然のことながら、酸素もそれと同じ割合で少ないので人間は高山病になり、さらに船外機や車の能力が落ちた（高山病になった）。

　私の専門分野は古地磁気学であるから、採取した堆積物の残留磁化を測定し、地磁気方向の永年変化を復元するのが大きな目的であった。残念なことに、色林錯の堆積物中には磁性粒子が少ないために残留磁化が弱く不安定だったので、地磁気永年変化を復元できなかった。しかし、この研究の主目的である気候変動を解明するために、この堆積物コアを活用することができた。堆積物コアの主成分は炭酸カルシウム（$CaCO_3$）などの炭酸塩であった。そのおかげで、この炭酸塩中の酸素の安定同位体比（$δ^{18}O$ 値）を堆積物コアすべての範囲で分析することができた。分析した堆積物コアは長さ約 3.05m で、放射性炭素の年代決定により過去 14,000 年の記録を持っていることもわかった。後になって、得られた酸素安定同位体比の永年変化は主に堆積物中の炭酸塩の種類の変化に対応していることがわかったが、これらの変化からチベット高原における過去 14,000 年間の気候変動を明らかにできた。その結果、チベット高原では約 13,000 年前に劇的に最終氷期が終わり、間氷期がやってきたこともわかった。さらに、4,000 〜 5,000 年前頃から湿潤な気候から乾燥気候になり、湖岸段丘が発達してきたことも明らかとなった。

高山病

　チベットの中心都市ラサ（ポタラ宮殿で有名）には上海、成都経由で飛行機を使って行った。ラサは標高 3,700m であり、富士山とほぼ同じ高度にある。私は飛行機から降りたとたんから高山病にな

り、着いたホテルの階段を上るのにとても辛い思いをした。チベットでの調査に備え、1年ほど前から1日10km程度のジョギングで体を鍛えていたがやはり高山病にかかってしまったのだ。到着から2日後には薄い空気（低酸素）にも慣れ高山病から脱却できたが、色林錯に向かう途中の峠越え（標高4,500m）の地点でまた高山病の症状が現れた。

　高山病は体が低酸素状態に慣れるか、それができなければ標高の低いところに移動するしか治る方法がない。高山病の症状は、頭痛、発熱、吐き気そして呼吸困難といった風邪の症状の強いものである。ボンベから供給される高濃度の酸素を吸ったり、深く呼吸をすることで少しは症状が改善するが、睡眠時には深い呼吸をし忘れるため、首を絞められたような苦しい感覚に襲われ何度も目を覚ました。しかし、体を鍛えていたのとまだ若かった（31歳だった）おかげで、大事には至らなかったのだと思う。60歳近くの先生方は高山病の強い症状は出なかったが、調査終了時には体重が数kg程度減少したそうだ。私は逆に数kg太ってしまった。チベットの空気と自然環境が体に合っていたのかもしれない。調査中に伸ばした髭面で成都に戻ったとき、中国人に「おまえ（森永のこと）はチベット人か？」と言われた。

Chapter 10 地球温暖化？ 地球寒冷化？

●地球のエネルギー収支

　地球は宇宙空間からエネルギーを受け取り、そして宇宙空間にエネルギーを返している。太陽から受け取るエネルギーが宇宙空間からもたらされるエネルギーのほとんどと考えて良いだろう。太陽からは可視光という形でエネルギーが地球に注がれている。太陽光は植物の光合成に利用され、また地球表面を明るくしたり暖めたりしている。光合成によって植物は成長し、それは動物の栄養にもなる。このように植物や動物に蓄えられた太陽光のエネルギーの一部は長い年月を経て、化石燃料（石炭、石油、そして天然ガスなど）となり、現在私たち人類はそれを有り難く利用しているわけである。

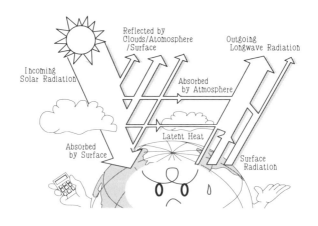

太陽光（太陽エネルギー）は、天候さえ良ければ、毎日燦々と降り注いでいる。今、仮に1年間に太陽からもたらされる放射（太陽放射）を100とすると、その放射によってもたらされたエネルギーを何らかの形で100だけ返さなければ、つまり地球がやりとりする宇宙からのエネルギーの収支バランスがとれていなければ、安定した地球環境を保つことはできない。今、太陽からもたらされた100のエネルギーをすべて返せない場合、地球には太陽からの放射エネルギーが蓄積し、地球はどんどん加熱していくことになる。また、逆にもたらされた100以上を返せば、地球からエネルギーが移出し、地球は冷えていく。実は、地球にもたらされた100の放射エネルギーのうち約3割は反射で、残りの約7割は地球表面付近で吸収され、水蒸気の生成などの種々の活動に利用された後、赤外放射で宇宙空間に戻されている。これまで、わずかな収支バランスの乱れはあったものの地球におけるエネルギー収支はほぼ一定に保たれてきたと考えられている。

　太陽光は雲、地表や海面で反射されるが、その反射の程度をアルベド（反射能）という。白い雪氷で覆われた極域の地表はアルベドが高く（反射が大きく）、また白っぽい砂が地表を覆っている砂漠などでもアルベドは高い（反射が大きい）。雲もまたアルベドを高くする要素である。このような高いアルベドを持つ地表状態や雲量の変動は宇宙からのエネルギーの収支に乱れをもたらす要素となる。また、大気中に浮遊する微粒子（エアロゾル）も太陽光の散乱を増やし、地球のアルベドを上げるので地表を冷却する効果を持つ。これらを日傘効果というが、火山の大規模噴火によって成層圏（地表から高さ約10km～約50kmの大気圏）まで噴煙が巻き上げられると、硫酸エアロゾルが大量に生成され、

日傘効果により地表気温が数℃程度下がると見積もられている。ちなみに、大規模な火山噴火、例えば浅間山の噴火による日傘効果は江戸時代の天明の飢饉の引き金になったと考えられている。

地表や海面は太陽光で暖められるが、そのように受け取ったエネルギーは遠赤外線として、大気圏、もしくは宇宙空間への放射によって移動する。海面では海水の蒸発に伴う気化熱としても、受け取ったエネルギーは大気圏に移動する。水蒸気の生成に関わったこの気化熱は「潜熱」とよばれ、水が水蒸気に変わる際に水蒸気の方に熱エネルギーが移動していることを意味している。このことは水蒸気が発生した後の海水や地表が冷えること、また汗の一部が水蒸気になって身体の表面が冷やされることを考えれば理解しやすいかも知れない。

地表や海面から放射された遠赤外線の一部は、大気中に含まれる水蒸気、二酸化炭素、メタンなどの温室効果ガスに吸収され、気温上昇を引き起こす。しかしながら、これら温室効果ガスを含め、地球に大気がない場合、地球の平均気温は-18℃と凍てつく寒さになる。地球大気の存在、そして水蒸気や二酸化炭素などの温室効果ガスの存在は生物が生存しやすい気温を作っているという、ちょっと意外な（気づいていなかった）面があることも理解しておきたい。

地表や海面から遠赤外線として放射されたエネルギーの一部はいったん大気や雲に吸収されるが、最終的には赤外放射によって宇宙空間に返される。また海面で暖められて作られた水蒸気は大気中を上昇して雲（つまり、水滴）になる。その際、水蒸気が海水から受け取った熱（潜熱）が大気中に渡され、海面から上層の大気に熱が移動する。最終的にその熱は赤外放射で宇宙空間に返

されることになる。

　以上のように、宇宙空間と地球との間のエネルギーのやりとり（収支）には色んな要素が関わっている。その中には、地球の温暖化をもたらす要素もあれば地球の寒冷化をもたらす要素もあり、それら要素の変化が安定的な地球の気候に変動をもたらしてきた。近年は、二酸化炭素による地球温暖化が特に話題になっているが、このような、気候変動をもたらす種々の要素について、改めて1つひとつ見直してみる必要があるように感じている。

Coffee break

雲は何色？　また、なぜ雲は落ちてこないのか？

　前者の質問には色んな答えが返ってきそうである。ある人は雨の降る空を見上げながら、「雲は灰色」と答えるだろう。夕焼けの空を眺めながら「空は朱色」と答える人も居るだろう。でも、本当のところ「雲は白色」である。白色の雲に光があたらなければ灰色から黒っぽい色に見えるし、夕日が当たれば朱色に見える。

　では、雲は何でできているのだろう？

　実は雲は水粒もしくはそれが凍った氷晶でできている。湿度の低い（乾燥した）空気と高い空気では、湿度の高い空気の方が軽くて上昇する（「**重さの違う大気！　乾いた空気と湿った空気、どちらが重い？**」の章を参照）。上昇した空気中の水蒸気は空気中にあるエアロゾルなどを核として凝結（水蒸気が液体の水に変化すること）して水粒となる。このように生成した水粒は、気温が低い場合には氷晶となる。水蒸気は大気中により多く含まれる窒素や酸素より軽いが、水粒や氷晶は液体もしくは固体の水なので周囲の空気よりも重い。なのに、なぜ水粒や氷晶は落ちてこないで雲のままなのだろう？

実は、雲のできるところには上昇気流があり、その勢いによって落ちられないでいるのである。水粒や氷晶がある程度の大きさまで成長して、その上昇気流に打ち勝つ重さになるまでは雨や雪となって降ってこないわけである。ちなみに、エアロゾルの大きさは、半径 0.005μm 〜 100μm の分布範囲をもつが、そのうち半径 0.005μm 〜 0.2μm の大きさのエイトケン核と呼ばれるものが大部分を占めている。このエイトケン核が核となり、空気中の水蒸気が凝結することになる。

エアロゾル

　エアロゾルとは空気中を漂う小さな微粒子のことで、以下のような起源を持っている。
（1）火災などで発生する煙中の粒子
（2）自動車や工場などが放出する排気ガス中の粒子
（3）風によって巻き上げられた土埃や黄砂
（4）火山噴火で放出された火山ガス中の粒子
（5）海の波しぶきなどで生成する塩の結晶
（6）花粉やバクテリア

　これらのエアロゾルのうち、（1）と（2）は人間活動に伴って排出されるが、これら、特に（2）の自動車や工場で排気される硫酸エアロゾルは光化学スモッグなどの原因にもなっている。最近話題になった「PM2.5」は粒子径（直径）が概ね 2.5μm 以下のものをさす。上記には挙げていないが、たばこの煙は実のところ「PM2.5」である。この PM2.5 のエアロゾルは呼吸により肺まで進入する（沈着する）ため健康被害をもたらすことになる。逆の言い方をすれば、PM2.5 より大きな粒子は鼻やのどの粘膜などで捕らえられ、肺まで

進入することは少ない。

アルベド（反射能）

技術を使って地球の気候や気温を操作したいとはあまり思わないが、アルベドを増やすことで地球の温暖化を押さえ込むことができるかも知れない。これは知り合いのある先生と話している時のこと。その先生は「都市部のビルディングの屋上に鏡を付けて、太陽光を反射したら良いんだよ」と提案された。地球の大気は、太陽光、すなわち可視光にとってはほぼ透明、つまり多くを透過させる。ならば、可視光のまま鏡で反射し、宇宙空間に返すというわけである。この方法に、地球温暖化を押さえ込む能力がどの程度あるのか未知数であるが、都市部のヒートアイランド現象の緩和になりそうな気がする。

先進国では、1950年〜1970年頃の活発な人間活動（石油類の大量消費）により、硫酸エアロゾルが大量に排出され、大気はひどく汚染されていた。私（森永）が子どもの頃、この硫酸エアロゾルが原因の一つになっている「光化学スモッグ」という言葉を、岡山の田舎にいながらにしてよく聞いた。その後の1970年代以降には大気汚染対策が進んだため、人間活動に伴う硫酸エアロゾルは減少してきた。1950年〜1970年頃の気温停滞の原因として、硫酸エアロゾルの大量排出が関連している可能性が指摘されている。さらに、1975年以降の気温上昇が、大気汚染対策が進んだこと（硫酸エアロゾルの減少）に関連している可能性も指摘されている。つまり、アルベドの高い硫酸エアロゾルの増加が低温化を招き、次にはそれらの減少に伴って大気がクリアーになったため、太陽光がよりたくさん降り注ぐようになって温暖化した可能性があるということ

である。これがもし本当のことなら、皮肉な話である。

●エネルギーとエントロピー

物理学を学んだことのない人には申し訳ないが、しばらくややこしい話につきあってもらおう。もちろん、分かり易くお話しするつもりである。

今、地表から高さ h (m) にある質量 m (kg) の物体を考えよう。この高さにある時、この物体は mgh の位置エネルギーを持っている。式中の g は重力加速度で、地球上ではだいたい $9.8m/s^2$ である。「地球上では」と書いたのは、天体の大きさや密度の違い、さらにはその天体のどこにいるか(**「地球一速い乗り物は何?」**の章の 'Coffee break'「ダイエット中の人へ」を参照)によって異なる値になるからで、例えば、月では重力加速度は地球の約6分の1の値になる。だから、皆さんの体重も約6分の1になる。誰かに体重を聞かれたら、今の体重の6分の1の値を答えてみよう。これは嘘にはならない。なぜなら、月では皆さんの体重は答えた通りの値になるからである。でも最後に、「月ではね。」と付け加えておこう。ちなみに、エネルギーの単位はジュール($J = m^2 \cdot kg/s^2$)で、質量 1kg の物体が 1m の高さにある時の位置エネルギーは 9.8J となる。

さて、高さ h (m) にあったこの物体が落下し、高さ h' (m) のところ(もちろん h>h')まで移動したとしよう。その位置での位置エネルギーは mgh' ジュールとなる。また、この位置に来た時の物体の落下速度を v (m/s) とすると、この物体は $\frac{1}{2} \cdot mv^2$ ジュールの運動エネルギーも持っている。物理法則の1つにエネルギー保存則があり、それは形態が変わっても元々持っ

ていたエネルギー総量は変わらない（エネルギーは保存される）というものである。だから、この場合もエネルギーは保存されているので、mgh ＝ mgh' ＋ $\frac{1}{2}\cdot mv^2$ という関係が成り立つ。

　では、この物体が地表に落ち、落下運動が終わってしまったらどうなるだろう。地表の高さは0mであるから、高さh（m）にあった物体の位置エネルギー（mgh）は地表ではすべて失われており、落下運動が止まったので速度は0m/s、つまり運動エネルギーも0ジュールである。元々あったmghの位置エネルギーは、形態を変えながらも落下途中には保存されていた。しかし、落ちて地表に止まった瞬間に位置エネルギーも運動もエネルギーもなくなってしまう。このままでは、「エネルギー保存則」が成立しない！　おかしな話になってしまう。

実は、はじめに持っていた物体の位置エネルギーは地表に着いて停止した時点で他のエネルギーに変わってしまったのである。この物体が地表にぶつかる直前には、位置エネルギーはほぼ0ジュールになり、元々あった位置エネルギーはほとんどすべて運動エネルギーに変わっていた。そして衝突後に運動が完全に停止したその時点で、この運動エネルギーはすべて熱（エネルギー）に変化してしまったのである。

　このように、位置や運動のエネルギーのような力学的なエネルギーはある「仕事」（物理学でいうところの「仕事」：水力発電などで電気を作るためのタービンの回転など）をしたのち最終的に熱エネルギーに変わる。最終的な熱エネルギーでは元の位置エネルギーのように十分な「仕事」ができない。例えば、水力発電では最終的な熱エネルギーでもう一度タービンを回転させることはできない。つまり、このような最終の熱エネルギーは、元の位置エネルギーと比較して、低品質（役立たず）のエネルギーに変化したことになる。仕事をした後のエネルギーは、エネルギー保存則があるため、その総量は変わりないが、その質が悪くなるということである。このような状態になった時、「エントロピー」という言葉を使って、「エントロピーが増大した」という。つまり、はじめの位置エネルギーは質の良い（高品質の）エネルギーとかエントロピーの小さいエネルギーということができる。また、最終的な熱エネルギーは質の悪い（低品質の）エネルギーとかエントロピーの大きなエネルギーということができる。

◉**水力発電**
　水力発電では、この位置エネルギーを利用して電気を作ってい

る。山岳地帯に降った雨をダムで堰き止め、たまった水が落下する力で、言い方を変えると位置エネルギーの消費により、発電用のタービンを回している（仕事をしている）。すなわち、水の位置エネルギーの一部は落下運動エネルギー、そしてタービンの回転エネルギーに変わるわけである。その過程を経て、元々の水の位置エネルギーは電気エネルギーとタービンが回転した際に発生する熱エネルギーに変わるというのが水力発電の行っていることになる。ちなみに、生成した電気エネルギーを、元々の位置エネルギーで割った値をエネルギー変換効率（位置エネルギーは熱エネルギーにも変化しているので、1より小さくなる）という。作られた電気は、私たちの生活の中で色んな電気機器を作動し、これもまた最終的に熱エネルギーに変わってしまう。このことは、使っているテレビの背面が暖かくなったり、電熱器やアイロンが熱くなることを想像すれば、簡単に理解できる。

では、ダムのある山岳地帯に雨水を運んだ、すなわち水が位置エネルギーを持つ状態にしたのは何なのだろう。ご存じのように、太陽光（太陽エネルギー）が地表や海面を暖めて、水から生成した水蒸気が上空に昇り、雲となり、そして降雨となって山岳地帯に運んだのである。つまり、ダム水のもつ位置エネルギーは太陽エネルギーが形を変えたものということになる。

エネルギー変換効率

水力発電の例のように、元々の水の位置エネルギーから電気エネルギーを得る場合のエネルギー変換効率はその他の発電方法よりはるかに高い値で、だいたい80％だそうだ（出典:新エネルギー大事典。

中部電力の HP; http://www.chuden.co.jp/energy/ene_energy/water/wat_shikumi/wat_tokucho/index.html より）。つまり、水の位置エネルギーの 80％が電気エネルギーに変換されるという意味である。液化天然ガス（LNG）を燃料として使用する火力発電の変換効率は 55％、原子力発電は 33％なので、水力発電の変換効率が優秀であることは明らかである。ただし、このエネルギー変換効率だけで考えるのではなく発電にかかる費用すなわちコストを見ると、事故リスク対応費用、環境対策費用、資源の価格などを加味して、水力発電では 10.6 円 /kwh、LNG 火力発電では 10.7 〜 11.1 円 /kwh（2010 年モデル）、そして原子力発電では 8.9 円 /kwh と試算されている（2011 年 12 月発表。関西電力の HP; http://www1.kepco.co.jp/bestmix/contents/02b.html より）。これは、1kwh の電力を作り出すのにかかるコストで、この値からは原子力発電が最も安く電気を作れることになる。また、地球温暖化に関して問題になる二酸化炭素の排出量で見れば、当然ながら火力発電が最も多く、設備や運用で発生する量も考慮すると、LNG 火力発電で約 600g-CO_2/kwh、原子力発電では約 22g-CO_2/kwh、そして水力発電では約 11g-CO_2/kwh となっている（出典：電力中央研究所報告書。中部電力の HP; http://www.chuden.co.jp/energy/ene_energy/water/wat_shikumi/wat_tokucho/index.html より）。この点では、水力発電がもっともクリーンな発電方法といえそうだ。

　ちなみに、まだまだ利用の少ない、いわゆる自然エネルギーといわれている発電方法のエネルギー変換効率を、参考までに挙げておこう：風力は約 25％、太陽光は約 10％、地熱は約 8％、海洋温度差は約 3％、そしてバイオマスは約 1％である。

ここでは、エネルギー変換効率や電気の生産コストを中心に紹介した。そういったものから判断すると、エネルギー源には人類にとって安価で効率の良いもの（高品位なもの）から高価で効率の悪いもの（低品位なもの）までいろいろあることがわかる。既に紹介した「エントロピー」という言葉を使って表現すると、「一口でエネルギー源といっても、エントロピーの小さいものから大きなものまで種々多様にある」ということになる。それらのエネルギー源から電力などを取り出す際の安全性を考えなければ、水力、LNG火力、そして原子力等の発電に用いるエネルギー源はエントロピーの小さなものと考えることができる。ただし、LNG火力発電では温室効果ガスである二酸化炭素が排出され、原子力発電では核廃棄物という処理の難しいものが作られる。発電方法の選択においては、こういった排出物や廃棄物の処理やさらに色んな側面の問題や効率などをすべて考慮した上で、「何がもっとも良い（電気を作る）エネルギー源なのか？」を考えるべきであろう。

●太陽光パネルによる電力供給に関わる問題

　「太陽光パネルを用いた発電方法はクリーンだ」ともてはやされ、電気や住宅建設のメーカーや大型電気店でも競うように宣伝されている。自然エネルギーということで、原子力発電や火力発電などとはまったく異なるクリーンなイメージであるが、本当にそうなのだろうか？　既に述べたように、電気を取り出すエネルギー変換効率については、現在もっとも嫌われている原子力発電（33％）の3分の1の値（約10％）になっている。これは、「太陽光は、電気を取り出す上では、エントロピーが大きなエネルギー資源」という意味、もしくは「同じだけの電力を取り出す時にお

金がかかる」という意味である。「原子力発電のように放射線災害をもたらさない」とか「核廃棄物処理に多大な時間と経費がかかる」という問題や「化石燃料を用いる火力発電では地球温暖化をもたらす二酸化炭素の排出がある」という問題のように、本当に太陽光発電には問題はないのだろうか？

　次の項目**「地球温暖化の本当の原因は？」**で述べるような、「エネルギー消費に伴って排出される熱が地球温暖化の原因」と考えれば、この太陽光発電にも同じような問題が潜んでいる。太陽からもたらされる放射エネルギーのほぼ全量を反射と赤外放射で宇宙空間に戻していることは既に述べた。これによって地球の熱環境が永きに亘って安定的に保たれてきた。太陽光発電はこの太陽エネルギーの収支バランスを変える可能性のある発電だと思うのだが、どうだろう。この発想は大学時代の研究室の同窓会で私の恩師（安川克已先生）が話されたことで、私自身がはじめから気づいていたわけではないことはちゃんとことわっておこう。恩師は「太陽光発電は、これまでストレートに返していた太陽エネルギーの一部を電気に変え、最終的に熱（エネルギー）に変えることで地球環境に熱を加える行為である。これは将来大きな問題となると思う。」と話された。これはもっともな話で、私たちが考えていなかった視点を与えてくださったのだと思っている。このことから派生して、次の項目**「地球温暖化の本当の原因は？」**で述べるように、「エネルギー消費に伴って生み出される熱を宇宙空間に排出できていないことが地球を暖めているのではないか」と考えるようになった。エネルギー消費に伴う熱、またこれから推進する太陽光パネルによる発電で新たに生み出される熱を上手く宇宙空間に排出することを同時に考えておかないと、クリーンと思っ

ている太陽光発電方法が将来大きな問題となる可能性がある。

●地球温暖化の本当の原因は？

地球に備わっているエネルギー収支システムは極めて上手くできていて、地球の気候を安定なものとしてきた。しかし、1970年代以降の地球は温暖化しており、その原因が大気中二酸化炭素の増加であるという話題は、耳にたこができるくらい聞かされている。「**地球の資源は生物が作った!?**」の章中の 'Coffee break'「*地球温暖化の原因 − 大気中二酸化炭素の増加　本当？*」で述べているように、二酸化炭素増加が温暖化の原因ではなく、温暖化によって海水中から二酸化炭素が大気中に移動したと考えることもできる。

しかし、不思議なのだが、二酸化炭素を排出する化石燃料の消費そのものに伴って、熱が地表にばらまかれていることをなぜ話題にしないのだろう。だって、冬場に石油ストーブを焚くのは熱を得るためではないですか！　つまり、化石燃料の消費は熱をも排出する活動なのだ。

「**地球の資源は生物が作った!?**」の章で述べるように、石油や石炭などの化石燃料は、地球に降り注ぐ太陽光を光合成という反応で利用して成長する植物やその植物を栄養として成育する動物の遺骸などから生成された。このように長い年月を経て生成され、地中に蓄えられた化石燃料の持つエネルギーは「太陽エネルギー」そのものと考えることができる。私たち人類は産業革命以降、この化石燃料を消費しはじめ、近年には火力発電や自動車などの普及によって加速度的に消費し、二酸化炭素だけでなく、熱そのものを大量に排出している。もちろん、火力発電で作られた電気の

使用によっても、最終的に熱が排出される。

　原子力発電でもまた同じように熱が排出される。地殻内にあるウラン鉱石などに含まれる放射性ウランを濃縮した核燃料は原子炉内で核分裂し、核エネルギーを放出する。このとき発生する熱が液体の水を水蒸気に変え、その水蒸気でタービンを回して電気を作っている。タービンを回転させた後に残っている水蒸気は外部から取り込んだ海水で冷却するが、この冷却で体積を減少させる（タービン背後に負圧を作る）ことでさらにタービンを回転させるよう設計されている。原子力発電所では、発電の際に熱を海水中に移動させ、海に熱をばらまいているし、作られた電気の使用によっても熱を排出する。

　現代の人類は電気という使い勝手の良いエネルギーを使って便利な生活を営んでいる。停電時には何の活動もできないくらい、私たちの生活には電気は欠かせない。このように電気に依存した生活、さらに石油に依存した生活が快適であればあるほど、私たちは最終的に熱を地球上に排出することになる。つまり、人類が文明を持つまで使わなかった、地中に閉じ込められていたエネルギーを使用して、結果として熱を地表にばらまいている、それが現代の人間活動である。地球温暖化の本当の原因はこのような人間の文明活動に伴う熱の排出そのものと思うのだが、どうだろう？

ヒートアイランド

　こんな話を聞いたことがある。「昔の地下鉄の駅は涼しかった」という話である。ご存じのように、地中は夏場に涼しく、冬場は暖かい。このことは鍾乳洞窟に入ったことのある人なら経験している

だろう。鍾乳洞窟と同様にかつての地下鉄駅構内は涼しかった。しかし、電車内に冷房を導入し涼しくすることで、地下道や地下鉄駅内に熱が排出され、暑くなったわけである。どこかを涼しくするということはそこにあった熱をどこかに排出するということだから、当然の結果である。

また、都会の地表はコンクリートやアスファルトで覆われているため、土の地面がむき出しにはなっていない。土の地面には水分が含まれ、それが大気の熱を受け取り水蒸気に変わる過程で、地表の気温を下げる。このような、どこかを冷やすために構造物の外に熱を排出したり、地表の改変によって水蒸気の生成を抑えてしまう都市構造の結果、都市部地表は暖められ、そこでの温暖化は、地方の田舎と比較して際立っている。

かつて私が指導した卒業生が研究した結果によれば、東京、大阪、そして名古屋といった都市部での温暖化は地方の田舎と比較してより大きく、1950年から2010年までの60年間で、約1℃だけ余分に温暖化している。こういった現象をヒートアイランドというが、過去数十年間、このような都市環境の形成に伴う熱の排出そのものが地表や大気を暖め、地球温暖化の大きな原因の1つになっていると考えないのは不思議な感じがする。

◉宇宙線と雲の形成

ところで、現在の科学の世界では、気候変動の大きな原因として何が考えられているのだろう。1つは既に「**軽いものは上に、重いものは下に！－古気候を復元する**」の章で述べたミランコビッチサイクルである。太陽から受ける太陽光の量が地球の公転や自転の仕方が変わることで変化するために気候が変わるとい

う説である。これは過去300万年間の長周期気候変動（氷河期＝氷期・間氷期の繰り返し）をかなり説明できている。さらに、最近注目されている説は過去数百年間の気候変動を説明するもので、実は雲の多寡、すなわちアルベドの変化が気候変動の原因となっているのではないかというものである。では、雲の多い少ないを決める要素は何なのだろう。

既に述べたように火山噴火に伴って排出される硫酸エアロゾル、化石燃料の消費に伴うエアロゾルの増減が雲の生成に関わり、太陽光の反射率（アルベド）を変える。それが気候変動に関係していることは既に述べた。このような説だけではなく、実は、太陽活動そのものが雲の生成に関係しているとする説がある。少しややこしい関係なので、じっくり聞いていただこう。

太陽が放出している太陽風（「**地球磁場が生命を守る！ 有り難い地球磁場！**」の章を参照）はかなり高いエネルギーを持った粒子流で、地球磁場はそれを遮る働きをしている。地球の生物は地球磁場や大気によって太陽風がもたらす危険な環境を回避してもらっているわけだ。この話とは別に、太陽風は太陽系外からやってくる宇宙線（これまたエネルギーの高い危険な放射線）を太陽系内にできるだけ進入させない様に機能するヘリオスフェアを形成している。つまり、ヘリオスフェアは超新星爆発などで生成される高いエネルギーの宇宙線を遮るバリアの役目を持っているのだ。

太陽系外からの宇宙線は地球にも降り注いでいるわけであるが、地球に侵入した宇宙線は大気分子を電離・イオン化する作用を持ち、イオン化した粒子が電気の力で水蒸気を引き寄せ、雲を発生する。つまり、火山活動や化石燃料消費で大気中にまき散ら

されるエアロゾルと同じように、水粒を作るために必要な核の働きをする物質の生成に宇宙線が関わっているということである。

太陽活動が活発（太陽風が強力）であればあるほど、ヘリオスフェアのバリアの働きは強まり、地球に降り注ぐ宇宙線は少なくなる。その結果、地球上では雲の生成が少なくなる。逆に、太陽活動が不活発であれば、宇宙線量が増加し、雲の生成が増えることになる。このように地球における気候変動の原因の1つに太陽活動そのものが関わっているというのだ。

1950年頃からの観測結果によれば、地球に降り注ぐ宇宙線の強度と太陽活動を反映している太陽黒点数にはきれいな相関があり、太陽が活動的なとき（黒点数が多いとき）、宇宙線強度が小さく、逆に太陽が不活発なとき（黒点数が少ないとき）には宇宙線強度が大きい。また、過去30年程度のデータではあるが、宇宙線強度の増減が雲量の増減ときれいな正の相関を示している。ただし、残念なのはこの雲量の変化がどの程度、気候変動に影響を与えているのかよくわかっておらず、まだまだ検討の余地があるという点である。

どちらにしても、単純に「大気中二酸化炭素の増加が近年の気温上昇の原因」と断定するには早計で、以上述べたように、色んな要素が気候変動や近年の地球温暖化に関わっているのだという冷静な態度とさらなる研究と考察が必要なのではないだろうか？

Chapter 地球の資源は生物が作った！？

●水と大気

「地球の資源」と聞かれて何を想像するだろう。水、大気（酸素）など生物の生存にとって不可欠なものを想像した人がいるだろう。これはいうまでもなく、地球誕生以来、変化しながら存在し続けた、無くてはならない地球の資源だ。

地球は太陽系にもともとあった塵などが集積してできた天体である。多数の塵が衝突を繰り返すうち少しずつ大きな微惑星を作った。さらに、塵や微惑星は衝突を繰り返すが、それらの持っていた運動エネルギーは熱エネルギーに変わった。地球初期の大気（原始大気）の温室効果に加えて、衝突により生じた熱エネルギーが塵や微惑星を融かし、マグマのようにどろどろに溶けた状態から地球はスタートした。このような状態をマグマオーシャン（マグマの大洋）と呼ぶ。

マグマの中から出てきた揮発性成分（水蒸気や他の気体）のうち水蒸気は上層大気中で冷やされ、雨（水）となって地表に降り注ぐ。雨はまだまだ熱い地表に降るが、すぐに暖められ水蒸気になって再び上昇する。この水蒸気から水への相変化の繰り返しによって、地球の熱は宇宙空間に運ばれ、地球は徐々に冷えていったと考えられている。このようにして地表の温度が下がり、マグマから出てきた大量の水蒸気が液体の水となり海を作ったのだ。

地球の原始大気もマグマオーシャンから出てきた揮発性成分が元になっている。原始大気中に大量の水蒸気（H_2O）があり、そ

れが海を作ったことは述べたが、その次に多かったのが二酸化炭素(CO_2)と考えられている。さらに、窒素(N_2)、アンモニア(NH_3)、塩化水素（HCl）、二酸化硫黄（SO_2）などが原始大気を作っていた。現在の地球大気組成が窒素（78％）、酸素（O_2、21％）そしてアルゴン（Ar、0.9％）であるのとはかなり違っている。温室効果ガスとして悪名の高い二酸化炭素は原始大気中に多く含まれていたが、なぜ現在は少ないのだろう（0.040％；2017年の値）。また、現在動物が生存できるのに十分な酸素は原始大気中にはほとんどなかった。酸素はどのようにして大気中に含まれるようになったのだろう。

 **offee break**

地殻を作る岩石中の元素組成

地球表面付近の地殻の主成分である岩石中の元素組成を百分率で

表すと、最も多い元素は、皆さんの予想に反して、酸素（44.60%）である。次にケイ素（Si、27.72%）、アルミニウム（Al、8.13%）、鉄（Fe、5.00%）、そしてカルシウム（Ca、3.63%）の順となる。岩石を形成する鉱物は酸化物（酸素が付け加わった化合物）であるから、酸素は岩石中に必ず含まれている。もちろん、酸素は気体の状態にはなっていない。この状況は地球全体にも成り立つことで、地球を作っている元素として酸素が最も多い。ケイ素も鉱物を作る材料として2番目に多く利用されている元素である。ちなみに地殻を作る鉱物（化合物）では、ケイ素と酸素の酸化物（SiO_2）がなんとその約6割を占めている。

●二酸化炭素の行方

　二酸化炭素は水によく溶けるので、マグマから揮発性成分として生じた水、すなわち海の中に溶け込むことができた。また、二酸化炭素は雨水の中にも溶け込んだので、初期地球ではかなりpHの小さな酸性の雨（炭酸水）が降っていただろう。酸性の雨は地表で冷やされ生成したばかりの岩石と反応した。つまり岩石を化学的に風化した。その結果、岩石からナトリウム（Na）、マグネシウム（Mg）、カルシウム（Ca）、カリウム（K）や鉄（Fe）などの元素のイオン（陽イオン）が海に溶け出した。海の中でそれらのイオンは陰イオンである塩化物イオン（Cl^-）、硫酸イオン（SO_4^{2-}）や二酸化炭素から生じた炭酸イオン（CO_3^{2-}）と結びつき、それぞれ塩化物（例えば、NaCl）、硫酸塩（例えば、$CaSO_4$）や炭酸塩（例えば、$CaCO_3$）が無機的に（生物が関わらずに）沈殿していった。このように二酸化炭素は海の中で炭酸塩を作る反応に関わり消費される。大気から海へ、さらに化合物（炭酸塩）へ

変わる過程が繰り返され、大気中の二酸化炭素濃度は徐々に減少していった。

　また、海水中に溶け込んだ二酸化炭素は、約 35 億年前に海の中で誕生し、最初の生物と考えられている原核生物のシアノバクテリア（光合成細菌、らん藻類）の光合成にも利用された。その結果、二酸化炭素から酸素が生産された。できたばかりの酸素は、その化学反応性の高さから、おそらくすぐに化学反応（以下に述べる鉄鉱石の生成など）に利用されたと考えられる。そのため、この過程で原始大気中の二酸化炭素濃度が徐々に減少し、その代わりに生産された酸素の大気中濃度はわずかしか増加しなかったと考えられる。さらにシアノバクテリアが呼吸で出した二酸化炭素は海水中のカルシウムやマグネシウムのイオンと化合し炭酸塩を作った。そうして作られた炭酸塩は堆積物と交互に積み重なって、ストロマトライト（縞状炭酸塩岩）を作った。つまりシアノバクテリアは光合成で二酸化炭素を酸素に変えるだけでなく、呼吸による逆の過程で生じる二酸化炭素を炭酸塩岩として固定していたのである。

● **酸素の生成**

　最近の研究によれば、大気中の酸素は約 20 〜 21 億年前に急増し、15 億年前に現在の濃度に達したことが示されている。以下に述べる海での縞状鉄鉱石の形成のために酸素が使われる過程が一段落し、おそらく海の中から大気中に酸素が移動したからであろう。大気中の高濃度の酸素の存在は生命進化にとって大きな利点となった。なぜならば、十分な量の酸素があるとオゾンが生成され、オゾンは紫外線を吸収して生命を守ってくれるからである。

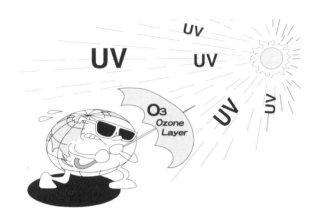

　紫外線はDNA、酸素やクロロフルオロカーボンなど多くの分子を破壊してしまう効果を持っている。紫外線は酸素を分解し、不安定な酸素原子を生成するが、これが酸素分子と結びつきオゾンを生成する。このオゾンが今度は逆の過程（オゾンが酸素の原子と分子に分離する過程）で紫外線を吸収し、生命を紫外線から守るのである。15億年前以降、原核生物から真核生物、多細胞生物へと急速な進化を遂げ、5億4千万年前にカンブリア・ビッグバンを迎え、さらに中生代になって動物が陸上に上がれたのは酸素と上空に溜まったオゾンの存在のおかげなのである。

●人類の文明に不可欠な資源

　さて、「地球の資源」として考えられるものには他にどんなものがあるだろう。私たちの身の回りをみればわかると思うが、エネルギー源としての石油・石炭・天然ガス、車や家電製品を作っている金属、特に鉄や建物を造るコンクリート（セメント）などが浮かぶであろう。石油は原油、鉄は鉄鉱石、セメントは石灰岩

を原材料（資源）として作られる。これら文明を支えるのに極めて重要な資源は地球誕生初期からあったわけではない。これらがどのようにして地球上に誕生したかを次に考えてみよう。

●石油・石炭の生成

　石油（さらに天然ガス）は電気を作ったり（火力発電所）、車を動かしたりといったエネルギー源として極めて重要である。さらに、プラスティックなどの化学製品の材料としても使われる。石油（原油）のでき方には有機成因説と無機成因説があるが、現在は前者の、生物が関与した有機成因説が広く受け入れられている。有機成因説の中でも「ケロジェン起源説」が最も支持されているようだ。ケロジェンは地球の物質中に含まれる複雑な巨大分子化合物である。また、ケロジェンは地球で最も多い有機物でもある。生物遺体のほんの一部がケロジェンになるのだが、生命誕生以降の長い地質時間のおかげで、莫大な量の生物由来ケロジェンが地下の堆積岩中に蓄えられた。さらに、地下深部でケロジェンが加熱されて石油や天然ガスが生成したと考えられている。このように、生物遺体が石油の原材料であるようなのだ。同様に、石炭も古生代石炭紀から新生代初期の植物遺体が原材料となって形成された。

offee break

地球温暖化の原因－大気中二酸化炭素の増加　本当！？

　過去50年で地球の平均気温が急激に上昇している。そのため、20世紀の間に平均海水面が10～20cm上昇したとの報告もある。このままの勢いでいくと西暦2100年には、1990年に比べて1.4

〜 5.8℃の平均気温上昇があるとの試算もある（IPCC 気候変動に関する政府間パネルが 2001 年発表、2007 年の発表ではもっと大きな気温上昇（=6.4℃）があると予想されている）。予想される気温上昇に大きな幅があるが、このことはその予想の難しさを物語っている。

　大気中には温室効果を持った気体（温室効果ガス）が含まれている。水蒸気、二酸化炭素やメタンなどであるが、その中でも二酸化炭素が温暖化の一番の原因物質と考えられ、その削減が大きな目標となっている。しかし、温室効果ガスの存在は、地球を温暖化すると悪者扱いする前に、地球の気温を安定化するために重要な存在であることを認識して欲しい。地球上の水がすべて凍ることもなく、またすべて水蒸気に変わることのない範囲の温暖な気候になっているのは温室効果ガスのおかげである。もう1つ気温を安定化しているのは水の存在であり、水の異常な性質のおかげである。二酸化炭素の分子量は 44 だが、水の分子量は 18 である。水はそのように軽いにもかかわらず、液体として 0 〜 100℃まで安定に存在できる。一方、二酸化炭素は水より重いにもかかわらず、その温度領域では気体になっている。水が 0 〜 100℃まで液体でいられるのは、水素結合のためである。

　二酸化炭素は化石燃料（石油、石炭や天然ガス）の消費から大気中に放出される。生物が長い時間をかけて原始大気中に大量に含まれていた二酸化炭素の一部を固定してきたもの、すなわち化石燃料の大量消費が近年の大気中二酸化炭素濃度を急激に増やしている。二酸化炭素濃度は西暦 1750 年の 280ppm から 2005 年には 379ppm、約 35% 増加している。このままの状況が続けば、2100 年には 540 〜 970ppm に増加すると試算されている。

メタンは二酸化炭素以上に温室効果を発揮する気体であり、動物の呼吸や水田やゴミの埋め立て地などから発生している。近年、海底下の堆積物中にメタンハイドレート（メタンを中心として水分子が周囲を取り囲んだ形をした物質）が大量にあることがわかってきたが、これがエネルギー資源として有望である反面、温暖化に伴う海水温の上昇により気化して大気中に放出されるのではないかと危惧されている。

　以上のように、地球温暖化に関しては二酸化炭素やメタンなどの温室効果ガスが最も大きな原因と考えられている。しかし、大気中の二酸化炭素増加パターンと気温上昇パターンは必ずしも同期していない。また、大気が暖まり海水の温度も上昇すると海水中に含まれる二酸化炭素が大気中に移動する。例えば、ぬるい炭酸飲料とよく冷えた炭酸飲料を比較して欲しい。明らかにぬるい方の炭酸飲料を開栓したときの方がたくさんの気体（二酸化炭素）が出てくることがわかるだろう。つまり、温暖化したために、海水中から大気中に二酸化炭素が移動したとも考えられるのである。こういった海と大気間の二酸化炭素交換や海洋生物（特にサンゴ）などの寄与も考えなければならないことが、将来の気温上昇予測の難しさの原因となっている。ちなみに、海水中には大気中の約50倍程度の二酸化炭素が溶け込んでいるらしい。

　長い時間で考えると、地球の気温は太陽からの輻射熱の変動により変化する。今から約11,000年前に最終氷期が終わり今の間氷期になったのも、そしてここ何百万年も続く氷河期（実は、現在は氷河期という気候変動の激しい時代［氷期と間氷期を繰り返す時代］であり、そのうちの間氷期なのだ！）も太陽から地球が受ける輻射熱の変化が主な原因と考えられている。これは、ミランコビッチ（M.

Milankovitch) が 1930 年に提出した説 (ミランコビッチ説と呼ぶ) であり、現在最も有力な説となっている。

　この他にも地球の気候変動の原因は諸説があり、そういったいろいろな原因が絡み合って現在の地球温暖化が起こっていると考えるべきであろう。ただし、大気中の二酸化炭素の濃度が着実に増えており、それをはじめとする温室効果ガスに地球を暖める能力があるということは間違いない。人類が自分たちの近代化のために引き起こした難問であるが、科学的な研究により少しでも大きな問題とならないようにしていきたいものだ。

Coffee break

氷河期

　生物が大発生した、今から5億4千万年前の「カンブリア・ビッグバン」以降の顕生代には4回の氷河期があったといわれている。「カンブリア・ビッグバン」の引き金と考えられている「スノーボールアース」の時代（6億〜8億年前の全地球表面が凍結した時代）を除けば、現在はもっとも寒い期間にあると考えていい。これらは、生物を形作る炭酸カルシウム（$CaCO_3$）中の酸素同位体比の分析（「**軽いものは上に、重いものは下に！ ―古気候を復元する**」の章を参照）によって推測されている。

　また、現在の氷河期は今から約280万年前に始まり［余談だが、アファール猿人が直立二足歩行を始めた頃に一致するのは偶然だろうか？］、現在の氷河期以前の地球の気候は氷河期よりはるかに安定していて、気温も現在より高かったようだ。その後に、現在の氷河期が訪れ、寒暖の差が激しくなり、寒い氷期と暖かい間氷期が何度も繰り返しているのだ。このように、海洋底コアの微生物化石

（CaCO₃）や南極やグリーンランドの氷床コアの酸素安定同位体分析により復元された過去500万年間の気候を考慮しても、氷河期、つまり現在が極めて気候変動の激しい時代であることがわかる。

最近、気候が変わりやすくなったとか、気象変化の幅が大きく、最高気温の更新だとか、雨量が観測史上最高だとか、とよく耳にする。しかし、それらはたった100年間ほどの観測からいえることであって、もっと長い気候の歴史を考えれば、現在起こっている気候変化も地球にとっては当たり前のことと考えてもいいのではないだろうか。二酸化炭素などの温暖化ガスの増加問題だけに言及するのではなく、私たちは気候変動のしくみそのものをもっとしっかり調べる必要がありそうだ。

●鉄鉱石の生成

水に溶けた鉄は、+2価と+3価のイオンの状態を取りうる。+2価の鉄は水に対する溶解度が高く、+3価鉄は低い特徴を持つ。初期地球の酸素のない状態では、鉄は主として+2価のイオンとして海に溶け込んでいたと考えられる。シアノバクテリアや海生植物の光合成によって生産された酸素は、+2価の鉄イオンを酸化し+3価の鉄イオンとすると、鉄の溶解度は著しく下がるため鉄の沈殿物を生成する。このような鉄鉱石の生成は汎地球的規模で起こり、各地に縞状鉄鉱床を形成している。縞状鉄鉱石は鉄分を多く含む暗色の層と細粒の石英粒子の層が互層した堆積岩である。25億年前から19億年前頃の大陸棚で大規模な縞状鉄鉱床が形成されている。現在我々はこれらの鉄鉱床から掘り出した鉄鉱石を還元して鉄を作っている。以上からわかるように、鉄という資源が鉄鉱石という鉄の濃縮した状態で入手できるのは酸素のお

かげである。さらにいうと、酸素を作ったシアノバクテリアや海生植物のおかげなのである。このように鉄鉱石の生成にも生物が関わっているのだ。

●石灰岩の生成

　コンクリートを作るセメントの原材料が石灰岩（$CaCO_3$、炭酸カルシウム）であることはよく知られている。日本では山口県の秋吉台などが石灰岩の産地であり、現在もセメントの材料として採掘されている。秋吉台は西の台と東の台に分けられる。かの有名な「秋芳洞」がある東の台は国立公園となっているので採掘は西の台で行われている。日本には他にも、平尾台（福岡県）や阿哲台（岡山県）などの産地があるが、秋吉台の石灰岩は炭酸カルシウムの純度が高く（不純物が少なく）良質である。これら日本の石灰岩の多くは赤道付近のサンゴ礁で堆積した生物の遺骸が固まってできたものと考えられている。生成年代は古生代の石炭紀や二畳紀である。つまり秋吉台などはもともと、生成後に海洋プレートの移動とともに現在の位置に運ばれてきたサンゴ礁なのである。サンゴ、貝や有孔虫（原生動物）といった生物は炭酸カルシウムの骨格や殻を持っている。これらの遺骸が積もり積もって石灰岩が形成されたのだ。このように、石灰岩すなわちコンクリートもまた生物起源なのだ。

Coffee break

サンゴと有孔虫（ホシズナとフズリナ）

　サンゴは褐虫藻を体内に持ち、それらは共生関係にある。褐虫藻はサンゴの体内にいて外敵からその安全が保障されているわけだ

が、一方サンゴは褐虫藻が光合成で作る栄養分を利用して炭酸カルシウムの骨格を作っている。持ちつ持たれつの関係にある。海水面の温度上昇によって、石垣島などで数年前「サンゴの白化現象」が話題になったが、高水温のため褐虫藻がサンゴから逃げ出すために起こった。栄養供給をしてくれていた褐虫藻がいなくなったのだからサンゴは死んでしまった（白くなってしまった）のである。石灰質の殻を持つ原生生物の一種である有孔虫はなじみの薄い生物であるが、多くの皆さんがその遺骸を見たことがあると思う。実は沖縄土産として有名な「星の砂」は"ホシズナ"という名前を持つ有孔虫の一種の殻なのだ。また、秋吉台のお土産である「石灰岩の文鎮や表札」にも、すでに絶滅したフズリナ（紡錘虫）と呼ばれる有孔虫の仲間の化石がたくさん含まれている。

●恵み豊かな地球に感謝！

　以上のように、私たちの地球における重要「資源」の生成に、何らかの形で生物が関わってきたことがわかる。言い換えると、生物が誕生した惑星だからこそ人類が現在利用できる「資源」が存在する。以上のことからも明らかなように、生命の痕跡に関する確証のない月や火星に地球と同じような資源があるとは思えない。人類は以前から、月や火星を探査している。その主なる目的は何なのだろう。知的好奇心を満たすために、他の天体を調べることには大いに賛成である。自分たちの存在が、少なくとも太陽系ではとても珍しく奇跡的であるということをしっかり認識するためにも重要だ。さらに、他の天体との比較によって、地球の形成過程や磁場の発生メカニズムを研究するためにも必要だ。しかし、もし将来の人口増加や環境破壊に備えて地球から逃げ出す天

体を探すための資源探査であるのなら、止めておいた方がいい。なぜならば、地球で享受している恵み（資源）が生物のいないそれら天体にはほとんど期待できないからである。

　地球から資源を運んで、月や火星で文明を築けると思っている人はいないだろうか。それも極めて馬鹿げたことである。運ぶための宇宙船の建造と推進エネルギーにどれだけの資源が必要となるだろう。そんな不可能に近いことを考えるくらいなら、恵み豊かなこの地球に感謝し、もっと大切にしていくことの方が重要ではないだろうか。万が一、人類による環境破壊が地球生物の生存環境を完全に破壊するときがきても、宇宙船で逃げ出せる人間はひとつまみだろう。残念ながら、その中に自分たちが含まれるとは到底思えないのだ。

Chapter 12 放射線を正しく理解しよう！

●放射性元素

　私たちの身の回りには、さまざまな種類の物質が存在し、生活の中で色々な方法で利用されている。例えば、「酸素」は私たち人類をはじめ動植物の呼吸で体内に取り入れられ、体内の化学反応に利用されている。また、「鉄」が文明を築く上でとても重要な物質であることは周知のことである。自然に存在する物質の中には90種類近くの元素が含まれており、一部には放射線を放出し安定な別の元素に変わろうとするものがある。このような元素を「放射性元素」と呼ぶ。この放射性元素は、私たちの体の中にも存在するし、身の回りの多くの物質に含まれている。私たちが食べる野菜などには放射性の炭素（^{14}C）が含まれているし、呼吸によって体に入ってくる希ガスのラドン（Rn）も放射性元素である。そのような天然に存在する放射性元素だけでなく、放射性元素は原子力発電や核実験を通して人工的にも作られている。

　2011年3月11日に発生した東北地方太平洋沖地震とそれに伴う津波により、福島第1原子力発電所の電源設備が壊滅的な被害を受け、原子炉内部や核燃料プールへの冷却水の送水がストップし、核燃料の溶融（メルトダウン）や水蒸気爆発が発生した。この事故に伴って、原子力発電の過程で人工的に作られた放射性元素が、福島県を中心とした東北地方太平洋側に大量にまき散らされ、放射性元素による汚染が起こってしまった。それらの放射性元素を取り除くために、除染作業が進められているが、ばらまか

れた放射性元素をすべて回収することは不可能である。今後も長期間にわたって放射性元素が発する放射線に脅かされることになろう。

原子と元素、どう違うの？

　広辞苑（岩波書店）によると原子は次のように説明されている。「物質を構成する一単位。各元素のそれぞれの特性を失わない範囲で到達しうる最小の微粒子。大きさは、ほぼ1億分の1センチメートル。原子核と電子からなる。」一方、元素（化学元素）は「化学的手段（化学的反応）によってはそれ以上に分解し得ない物質。厳密には、同一原子番号の原子だけからなる物質。」と説明されている。すなわち、原子は粒子そのものであり、化学的・物理学的な性質にまでは言及しない。一方、元素は原子の集合体が示す化学的・物理学的な性質まで含めた呼び方ということができる。

　水素と呼ばれる「元素」には、3種類の同位体が存在する。後に詳しく述べるが、同位体とは原子核中の陽子の数は同じだが、中性子の数が異なる「原子」のことである。この3種類の同位体はほとんど同じ化学的性質を示すことから、これらを区別することなく「元素」名である水素と呼ぶ。それに対し、同位体は原子核の作りがそれぞれ異なるため別の種類の「原子」として扱われる。

●原子の作りと安定性

　ある元素が、放射線を出して他の安定な元素に変わるのかどうかは、原子の安定性によっている。初めに原子の作りを説明しよう。

原子は、中心にプラスの電荷を帯びた「原子核」を持ち、その周りをマイナスの電荷を帯びた「電子」が飛び回る構造を持っている。これは、太陽を中心に私たちの地球や木星などの惑星が回っている様子とよく似ている。

　原子核の中には、プラスの電荷を持った「陽子」と、電荷を持たない「中性子」が含まれている。これらは、原子核をつくる粒子であることから「核子」とも呼ばれ、両者を合わせた数を「質量数」という。先に示した放射性炭素（^{14}C）の数字「14」は、この質量数を意味している。原子核中の陽子の数を「原子番号」と呼び、その元素の化学的な性質を規定している。なお、原子番号と元素の名前には1対1の関係にあり、原子番号1は水素、6は炭素、26は鉄のように決められている。周期表は、原子番号の順に、化学的な性質を考慮し、元素を順番に並べた表である。

　電子が飛び回っている領域（電子殻）は原子核の大きさ（10^{-15}〜10^{-14}m）のおよそ1万倍から10万倍の距離であり、原子の大きさはほとんど電子が飛び回る領域で決まっている。一方、重さに関しては、陽子と中性子はほぼ同じであるが、電子は陽子や中性子の約1,800分の1程度の重さしか持たない。したがって、原子の重さは原子核の重さにほとんど等しい。

　電荷を持たない原子では、陽子の数と電子の数が同一で電気的にバランスが取れている。これに対し、イオンは原子核に含まれる陽子の数と原子核の周りの電子の数のバランスが崩れた状態である。電子の数にはとびとびの安定な数があり、2、10、18、36、54…の時に安定となる。電荷を持たないナトリウム原子（Na）は、原子核に陽子を11個と電子を11個持っている。電子の数が10個の時に安定なため、ナトリウム原子は電子1つを放出して

安定な状態になりやすい。この状態では原子核の陽子の数が電子の数に対して1つ過剰になるためプラスの電荷を持ったナトリウムイオン（Na^+）となる。一方、塩素（Cl）は原子核に陽子を17個と電子を17個持っている。電子の数が18個になると安定なため、塩素原子は電子1つを獲得して安定化をする。これが塩素物イオン（Cl^-）である。

　原子核にはプラスの電荷を持つ陽子が入っているが、プラスの電荷を持った陽子同士は電気的に反発し、不安定になるはずである。しかし、接着剤の役割を果たす中性子が存在するので、原子核は安定に存在する。ある原子が放射線を出して、別の種類の原子に変わるかどうかは、この陽子と中性子の数のバランスによる。例えば、すでに述べたように、水素には3種類の原子が存在する。これらは、陽子数は共通して1つである（そうでないと、別の元素になってしまう）が、中性子を含まないもの（軽水素；$^1H=H$）、中性子を1つ含むもの（重水素；$^2H=D$：デュートリウム）、中性子を2つ含むもの（三重水素；$^3H=T$：トリチウム）が天然には存在する。このように原子番号が同じでも中性子数が異なる同位体のうち、中性子が2つの三重水素は不安定で、原子核の中性子が電子を放出して陽子に変わることにより、原子番号が1つ増えてヘリウム原子（^3He、大量に存在するヘリウム4：^4Heの同位体）に変化する。このように原子核の状態が変化することを放射壊変と呼ぶ。

 offee break

太陽系の作り

　太陽系では、恒星である太陽を中心に水星・金星・地球・火星・木星・

土星・天王星・海王星の8つの惑星が回っている。水星から火星までの惑星は、内惑星（地球型惑星ともいう）と呼ばれ岩石が主な構成要素なので 4.4～5.5g/㎤と大きな密度を示す。木星から外の惑星は、外惑星（木星は木星型惑星、天王星と海王星は天王星型惑星ともいう）と呼ばれ、ガスである水素・ヘリウムや氷が主な構成要素なので 0.6～1.6g/㎤の小さな密度を持つ。太陽は、太陽系の質量の大部分（99.86%）をしめている。原子核が原子の質量のほとんどを担っている点では、原子は太陽系と同じ特徴を持つと言える。しかし、原子の電子軌道は、原子核直径の1万倍から10万倍の大きな拡がりを持つのに対して、太陽の周りを回る惑星ははるかに太陽に近い所を回っている。太陽にもっとも近い水星では太陽直径の約42倍の距離、私たちの地球は約108倍、もっとも遠くにある海王星でも約3000倍という、原子の電気軌道と比較して近い距離を周回している。また、惑星と太陽の間には引力（重力）が働いており、その引力と惑星の円運動が生み出す遠心力が釣り合っているのに対し、原子では原子核のプラスの電荷と電子のマイナスの電荷が引き合うクーロン力が遠心力と釣り合っていると考えることができる。

offee break

核子をくっつける力、核力

　原子核には、プラスの電荷を持った陽子が詰まっている。磁石でもN極同士が反発するように、プラスの電荷を持った陽子同士は電気的に強く反発するはずである。鉄は原子核に26個も陽子が詰まっている。たとえ接着剤の役目を持つ中性子が存在するとしても壊れないで安定に存在するのはなぜだろうか？

　1グラムの粒子と1グラムの別の粒子を合わせたら、当然2グラ

ムになるはずである。大変不思議なことであるが、質量数56の鉄の原子核は、26個の陽子の重さと30個の中性子の重さを足した重さよりも少しだけ軽くなっている！　これを質量欠損と呼ぶ。欠損した質量はどうなってしまったかというと、核子同士の結合エネルギーとして使われていると考えられている。舌を出したユニークな顔写真で知られるアインシュタイン（Albert Einstein, 1879-1955）は、1905年に特殊相対性理論を発表し、質量は$E = mc^2$の式によって、エネルギーに変換できることを示した。ここで、Eはエネルギー、mは質量、cは光の速度（秒速約30万キロメートル）を表す。質量欠損分をエネルギーに変換し、核子の数で割ったエネルギー量を、「核子の結合エネルギー」と呼ぶ。核子の結合エネルギーは、原子番号が大きくなるにつれて大きくなり、鉄でピークを迎える。そして、鉄より重い元素では、原子番号が大きくなるにつれて結合エネルギーが減少する。このことは、天然に存在する元素のうちで、鉄が最も安定であることを意味している。

●色々な放射壊変の様式

　三重水素（T）の放射壊変で放出される電子線（電子の流れ）をβ（ベータ）線と呼び、この放射壊変の仕方をβ^-（ベータマイナス）壊変と呼ぶ。三重水素のβ^-壊変では、原子核に陽子1個・中性子2個あるうち中性子1個が陽子に変わるため、陽子数が1つ増加し原子番号は1つ増える（ヘリウム3：^{3}Heに変わる）が、質量数（陽子の数＋中性子の数）は3で変化しない。三重水素の例で分かるように、β^-壊変は、原子核に中性子が過剰に含まれる原子核が起こす放射壊変である。

　放射壊変には、β^-壊変のみでなく、他にα（アルファ）壊変、

γ（ガンマ）壊変、EC（Electron Capture: 軌道電子捕獲）壊変、核分裂反応などがある。これらの放射壊変の様式を以下にみていこう。

$α$ 壊変は、ウランやトリウムなどの鉄よりも質量数が大きな放射性元素が起こす放射壊変であり、原子核からヘリウム原子核（陽子2個と中性子2個）を放出して、小さな質量数のより安定な元素へと変わる。放出されるヘリウムの流れを $α$ 線と呼ぶ。原子核から、陽子2個・中性子2個のヘリウムが放出されるため、1回の $α$ 壊変で原子番号は2だけ減少し、質量数は4だけ減ることになる。

EC壊変は、中性子に比べて陽子が過剰な放射性元素が示す放射壊変で、原子核中の陽子が原子核の周りの電子を吸収して中性子に変わる放射壊変である。この放射壊変では、原子核中の陽子1個が中性子1個に変化するので、原子番号は1つ減るが、質量数には変化がない。現在大気中にはアルゴンが0.93%だけ含まれており、窒素・酸素に続いて3番目に存在度が高い。アルゴンには、質量数36、38、40の3種類の同位体が存在するが、その中でアルゴン40（^{40}Ar）が全体の99.6%をしめる。この ^{40}Ar は、岩石に含まれている放射性カリウム（^{40}K）がEC壊変を起こして生じて大気中に放出されたものと考えられている。

核分裂反応は、重い原子核が分裂して、2つ以上のより軽い元素を作る反応である。これを人工的に起こして電気を作る方法が原子力発電である。^{235}U は核分裂性元素であり、中性子1つを吸収して生じる ^{236}U が核分裂反応を起こし、エネルギーを発生する。その時に、合わせて2、3個の中性子を発生するため、その中性子が次の ^{235}U から ^{236}U の発生を促し、連鎖的に核分裂反応が発

生する。原子力発電の原理は後で再び説明しよう。

　$α$ 壊変や $β^-$ 壊変、核分裂反応で生じた原子は、まだ余分なエネルギーを原子核に蓄えた、励起された（興奮した）状態にある。この励起された状態から安定な状態に変化するときに、電磁波を発生する。この電磁波を $γ$ 線と呼ぶ。このエネルギー放出も電磁波という放射線を出すため放射壊変に含められ、$γ$ 壊変と呼ばれる。ただし、この放射壊変では、壊変の前後の原子の種類は同一である。

　以上のように、放射壊変では $α$ 線（ヘリウム粒子）、$β$ 線（電子）、$γ$ 線（電磁波）が放出される。福島第1原子力発電所から放出された放射性元素からも同様に放射線が放出されている。これらの放射線は、すべて同じように周りの生物に影響を及ぼすのではなく、それらが影響を及ぼす範囲は線種によって異なっている。$α$ 線はヘリウム原子核であるため体積が大きく、放出されても大気中の窒素や酸素分子と衝突してエネルギーを失ってしまうため、

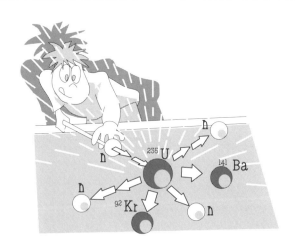

大気中では数センチメートル程度しか進むことができない。β線は、α線よりも透過力が強いが、数ミリメートルの厚さのアルミ板で防ぐことができる。γ線は非常に波長の短い電磁波でエネルギーが高く（医療現場で用いられるX線よりもエネルギーが高い）、その透過力はβ線よりも強く、コンクリートでは50cm程度の厚みの壁が必要である。電磁波は波長が短いほどエネルギーが高くなるが、γ線はX線よりも波長が短く、エネルギーが高いためDNAに傷をつけ、発がん作用があるといわれている。

　福島第1原子力発電所の事故直後に、「できる限り家の中にいて下さい。」と警告が出されたのは、これらの放射線を浴びることを少しでも減らすことを目的としている。

ウランから鉛へ

　天然のウランのうち ^{238}U はα壊変とβ$^-$壊変を繰り返して、鉛 ^{206}Pb へと変化する。その間に何回のα壊変とβ$^-$壊変を繰り返すだろうか？　本文でも触れたように、α壊変では原子番号が2つ、質量数が4つ減るのに対して、β$^-$壊変では原子番号が1つ増え、質量数は変化しない。^{238}U から ^{206}Pb への変化の間に、質量数が32減少している。すなわち、32÷4でα壊変は8回起きていることになる。一方、α壊変では陽子が2つ減るので、8回のα壊変では16原子番号が下がるはずである。しかし、鉛の原子番号は82であるので、10しか原子番号が下がっていない。β$^-$壊変は、質量数は変化しないが原子番号を1つ上げるので、6回のβ$^-$壊変が起これば良いことになる。したがって、8回のα壊変と6回のβ壊変が起こったことになる。

●原子力発電のしくみ

　天然に産出するウランには、主として^{235}Uと^{238}Uが存在する。それぞれの存在度は、0.72%、99.27%である。このうち^{235}Uは、天然に存在し、核分裂反応を起こす唯一の原子であり、中性子を補足して核分裂を起こすため原子力発電に用いられている。原子力発電で核分裂連鎖反応を起こさせるためには、^{235}U濃度が天然の0.72%では不十分なため、3～5%まで^{235}U濃度を高める濃縮作業が必要である。この濃縮作業は、日本では日本原燃株式会社によって青森県六ヶ所村で行われている。^{235}Uの濃縮には、^{235}Uと^{238}Uの原子の重さの違いを利用して、遠心分離法やガス拡散法などが利用されている。

　すでに述べたように、濃縮した^{235}Uに中性子を当てると、^{236}Uを経て核分裂反応を起こす。核分裂の際、2、3個の中性子が発生するため、その中性子が次の^{235}Uに吸収され連鎖的に核分裂反応を引き起こす。しかし、核分裂反応により生ずる中性子は、非常に速度が速く「高速中性子」と呼ばれ、^{235}Uには吸収されにくい。そのため、中性子の速度を落とすために軽水（普通の水）が減速材として用いられている。水分子との衝突により速度を落とした中性子は「熱中性子」と呼ばれ、^{235}Uに効率よく吸収され連鎖反応を促進する。また、減速材として用いられる水は、核分裂の際に放出されるエネルギーを吸収し、加熱されて水蒸気に変わる役割も兼ねている。このことからこの軽水を用いる形式の原子炉は軽水炉と呼ばれている。発生した水蒸気はタービンを回し発電がなされ、復水器で冷却、原子炉に戻され、減速材として再利用される。

　原子力発電では、定期点検で発電を停止したり再開したりする

ため、核分裂反応を制御する必要がある。制御には、熱中性子をより効率的に吸収する素材を ^{235}U 燃料の間に差し込んで、核分裂を停止させる方法がとられている。制御棒の材料には、ハフニウムという元素や炭化ホウ素という物質が用いられている。

以上の核分裂連鎖反応は原子炉の中で起こっており、その原子炉は原子炉格納容器に納められている。軽水を用いた原子炉には、沸騰水型と加圧水型の2種類があり、沸騰水型は原子炉内で発生した水蒸気をタービンに送るため、核分裂反応で生じた放射性元素を含んだ水蒸気が原子炉格納容器外に移動することになる。一方、加圧水型原子炉は、原子炉内では水蒸気ではなく高温の水を生じさせ、原子炉格納容器内にある水蒸気発生器において、その高温水を熱源として、別の配管にある軽水から水蒸気を発生させタービンに送るしくみを持っている。したがって、放射性元素を含んだ水は原子炉格納容器の外には出ないため、沸騰水型よりも安全性が高いといえる。ただし、蒸気発生器を原子炉格納容器内に組み込むための配管や電源などにより、原子炉格納容器内が複雑な構造になっている。

今回事故を起こした福島第1原子力発電所の原子炉は沸騰水型である。津波による電源喪失のため、原子炉内部への注水が不可能となり、核燃料の冷却ができなくなった。冷却機能を失った核燃料はメルトダウン（炉心溶融）し、原子炉格納容器に漏れ出した。また、核燃料のメルトダウンのため水素が発生し、1・3号機では水素によるガス爆発も引き起こした。水素爆発、格納容器の破損、配管の繋ぎ目からの蒸気漏れ、冷却水漏れなどにより、福島第1原子力発電所周辺には多量の放射性物質が放出された。

●原子力発電によって生み出される放射性元素

　液化天然ガス（LNG）火力発電では、LNG を燃焼させ水蒸気を発生させるため、多量の二酸化炭素を放出する。それに対して、原子力発電に伴う二酸化炭素などの温室効果ガスの排出量は火力発電に比べてはるかに少ない（「地球温暖化？　地球寒冷化？」の章中の Coffee break「エネルギー変換効率」の項目を参照）。環境にやさしい発電方法といわれるゆえんがここにある。しかし、2011 年の福島第 1 原子力発電所の事故で日本国民が知ることとなったように、原子力発電ではウランの核分裂に伴って多種多様な放射性元素が生み出される。

　^{235}U が中性子を吸収したのち核分裂を起こすと、2 種類の新しい原子核と 2、3 個の中性子、そして熱が発生する。核分裂によって生ずる 2 種類の原子核は核分裂生成物と呼ばれ、2 つの原子核は同程度の質量数を示すのではなく、重い原子核と軽い原子核となる。^{235}U の場合には、核分裂生成物は質量数 90 〜 100 と 135 〜 145 付近の原子核が多く、その間の質量数を持つ原子核が少なくなった「ふたこぶ」の分布を示す。核分裂生成物は陽子数と中性子数のバランスが悪く、多くの生成物が放射性元素である。核分裂により生成する放射性元素量は推定されており、原料の ^{235}U からどれくらいの割合で生成するのかが収率（%）により示されている。収率の高い放射性元素としては、^{93}Zr：ジルコニウム（6.30%）、^{135}I：ヨウ素（6.28%）、^{137}Cs：セシウム（6.19%）、^{99}Tc：テクネチウム（6.05%）、^{89}Sr：ストロンチウム（4.73%）、^{90}Sr（5.75%）、^{131}I（2.83%）などが例としてあげられる。

　福島第 1 原子力発電所事故直後の報道では、放出された多種類の放射性元素のうち ^{135}I や ^{131}I が大きく取り上げられた。ヨウ素

は甲状腺ホルモンの主成分の１つであるため甲状腺に濃集しやすいこと、この２種類の放射性元素の半減期が、^{135}Iの場合6.57時間、^{131}Iは8.02日と短く事故直後に強い放射線を発したことによる。2013年1月28日発行の福島民報でも、「東京電力福島第1原発事故直後に飛散した放射性ヨウ素による１歳児の甲状腺被ばく量は30ミリシーベルト以下がほとんどだった。（中略）国際原子力機関（IAEA）が甲状腺被ばくを防ぐため安定ヨウ素剤を飲む目安としている50ミリシーベルトを下回った。」と報じている。それに対して、6年以上が経過した2017年現在、半減期の短い放射性ヨウ素はほとんどがβ^-壊変により安定な^{131}Xe：キセノンや半減期の長い^{135}Csに変化し、人体への直接的な影響は小さくなっている。そのため、現在の除染の主対象となっているのは^{137}Csや^{90}Srなどである。これらの放射性元素は、上述の収率が高い上に約30年の半減期であり、長期間にわたって強い放射線を発するためである。

一方、同時に生成したさらに半減期の長い^{93}Zr（半減期153万年）や^{99}Tc（21.1万年）は、放射壊変が遅いために直接的に人体に大きな影響を及ぼすことは少ないと考えられる。

半減期とは？（「年令を決める」の章も参照）

半減期とは、一定量あった放射性元素が、半分の量にまで減るのに要する時間のことをいう。ある放射性元素が100万個だけ存在し、その半減期が^{131}Iと同じ約8日の半減期を持つとすると、8日経過すると放射性元素量は50万個（2分の1）に、さらに8日が経過すると25万個（4分の1）に、さらに12.5万個（8分の1）…

と減少する。その割合で放射壊変が進むと、半年もしないうちにほぼすべての放射性ヨウ素は放射壊変により消失することになる。逆に、最初の 8 日間で半分が放射壊変をし、その期間には大変強い放射線を放出することになる。

一方、ある放射性元素が 100 万個だけ存在し、その半減期が ^{137}Cs と同じ約 30 年とすると、1 年目には約 2.28%（2.28 万個）が放射壊変をし、2 年目には 2.23%（2.23 万個）、3 年目には 2.18%（2.18 万個）と少しずつ壊変する量は減り、30 年経過したときに初めにあった 100 万個の半分の 50 万個に減っている。30 年を過ぎても当初の量の 1% 程度が継続的に放射壊変を行う。

上の半減期の例では、福島第 1 原子力発電所事故で放出された放射性元素の影響を理解しがたいだろうから、もう少し説明しておこう。原子力安全・保安院（現在は原子力規制委員会）の試算では、この事故で放出された ^{131}I は広島に投下された原子爆弾の約 2.5 倍、^{137}Cs 量は広島原爆の約 170 倍と見積もられている。したがって、事故直後は半減期の短い ^{131}I が大変強い放射線を発生した。一方、半減期が約 30 年の ^{137}Cs や ^{90}Sr は、事故直後に放出された量の 1 〜 2% が、今後 30 年以上、連続的に放射壊変を起こし放射線を発生することになる。特に Cs は表層の粘土に強く吸着されており、生活圏の生物に強い影響を及ぼす可能性が高いため、早急な除染が望まれるのである。

天然原子炉

現在、天然に得られるウラン鉱石には ^{235}U が 0.72%、^{238}U が 99.27% 含まれている。これらのウランは、自然の状態でも α 壊変と β^- 壊変を繰り返して、それぞれ ^{207}Pb と ^{206}Pb へと変化してい

る（'Coffee break'「ウランから鉛へ」を参照）。それぞれの半減期は、^{235}U が 7.38 億年、^{238}U が 44.68 億年である。^{235}U の半減期の方が短く、早く放射壊変をする。ということは、時間を遡れば、かつて地球のウラン鉱石にはもっと多くの ^{235}U が含まれていたことになる。現在の原子力発電では、^{235}U を 3〜5% に濃縮して核燃料として使用している。「大昔、地球のウラン鉱石中 ^{235}U は自然な状態で 3% を超えていて、地下水が減速材として作用していたとすれば、天然の状態で核分裂連鎖反応が起こる天然の原子炉があったはずだ！」と予言したのは、アーカンソー大学の故黒田和夫教授（1917－2001）である。そして、1972 年にアフリカのガボン共和国のオクロ鉱山にて昔の天然原子炉が見つかった。その後、この天然原子炉は、核分裂により生成した放射性元素が、どのように地中の岩石中を拡散するか？ など、原子力廃棄物（核廃棄物）の処分を想定したときの自然の例（ナチュラルアナログ）として、広く研究されるようになった。

●後始末に困る原子力発電生成物（核廃棄物）

原子力発電では、二酸化炭素の少ない排出で電気を作り出すことができるが、多量の、そして多種の放射性元素を同時に生み出している。これらの二次的に生まれる放射性元素のほとんどは他に使い道がないので、地上の生物に影響が出ないように安全に処理する必要がある。

使用済みの核燃料を処理する方法としては、これまでに 1）日本海溝やマリアナ海溝などの海洋の深い部分に投棄する方法、2）南極の厚い氷の中に処分する方法、3）スペースシャトルのような飛行機に搭載し、大気圏外の宇宙に放出する方法、そして

4）放射性元素に中性子を照射し短半減期の放射性元素に変換する方法、などが考えられてきた。しかし、海溝は公海であること、南極条約に抵触すること、あるいはスペースシャトル・チャレンジャー号のような爆発事故の可能性などの問題があり、現在では地中に埋める「地層処分」が現実的な方法と考えられている。

原子力発電で使われた使用済みウラン燃料を用いて、まだ使えるウランとプルトニウムを取りだす作業が行われる。この時、不要な放射性元素を含む廃液が作られるが、それとホウケイ酸ガラスを溶かし合わせてガラス固化体に加工される。固化するときには、ステンレス製のキャニスター（直径が約43cm、高さ1.3m）という金属容器に、廃液を溶かし混んだガラス液が流し込まれる。最終的には、ガラス固化体とキャニスター（約90kg）を合わせて1本約500kg程度になる。ガラス固化されたキャニスターは現在約2,600本あり、各原子力発電所内に保管されている未処理の使用済みウラン燃料を今後処理すると、総数は25,000本ほどになると見積もられている。再処理工場で作られたキャニスターは、近傍で14,000シーベルトという非常に強い放射線を出し、温度も200℃に達する。これを地中に直接埋めるのは危険なため、現在は青森県六ヶ所村にある貯蔵施設で冷却保管されている。30年間の保管により、放射線量は数十分の1、温度は約100℃程度まで下がると計算されている。しかし、依然として強い放射線を放出し続ける状態であり、このキャニスターが生物に影響を及ぼさない程度に放射線量が下がるまで、数万年以上かかると考えられている。

30年程度、人の監視下で冷却した、しかし強い放射線を発するキャニスターは地層処分される予定である。地下300メートル

よりも深い所で、オーバーパックと呼ばれる厚さ20cmの鉄製の容器に入れられ、さらにベントナイトと呼ばれる粘土鉱物を主とした厚さ70cmほどの緩衝材で覆われ埋められる。ガラス固化体からベントナイトまでを「人工バリア」と呼び、周辺の岩盤を「天然バリア」と呼んでいる。このようなバリアシステムを利用した地層処分の方法は確立しつつあるが、実際に処分をする場所の選定はまだ行われていない。特に、断層や火山の多い日本においては、安全な処分地を決定することは、住民の理解を含めて大変大きな問題である。これが「原子力発電はトイレなきマンション」といわれる理由である。原子力発電を始めた当初から処分の問題は想定されていたが、「発電しながら考えましょう」という安易な考えが、後世へのツケとならないことを願いたい。

●身の回りの放射線

放射線は細胞のがん化をもたらす可能性があり、体に良くないことは皆理解している。しかし、我々の生活圏の中には放射線のない世界は存在しない。放射線を通しにくい鉛の部屋に閉じこもったとしても、自分の体の中で放射壊変が起きており、放射線を体内で浴びている(被曝している)からである。私たちの体の中には、約18%の炭素、約0.2%のカリウムが含まれている(桜井、化学と教育、2000)。炭素の中には放射性炭素である^{14}Cが1.2×10^{-10}%、カリウムの中には放射性の^{40}Kが0.0117%含まれている。割合としては大変少ないが、これらの放射性元素は、体内で常に放射壊変を起こしている。その数は1秒間に^{40}Kが4,000回、^{14}Cが約2,500回といわれている。すなわち、私たちの体の中では、カリウムと炭素だけで毎秒6,500回も放射壊変を起こし、放射線

を出していることになる。

　体内からの放射線被曝の他に、地表からも放射線が出ており、それを浴びながら私たちは生活をしている。地表からの放射線量は、その地域を作る岩石の種類に大きく影響される。大陸地殻を構成する主要な岩石は花崗岩と玄武岩である。この2種類の岩石のうち、花崗岩は、玄武岩に比べてカリウム・ルビジウム・ウラン・トリウムなどの放射性元素を多量に含んでいる。例えば、K_2O 量では、花崗岩が約4.0%であるのに対し、玄武岩は2.0%に満たない。したがって、花崗岩地域の方が玄武岩地域よりもより10倍近く放射線が強く、日本では東日本に比べて西日本の方が花崗岩の分布が広いため地表からの放射線が強い。なお、代表的な岩石の化学組成は、産業総合技術研究所のホームページ（http://riodb02.ibase.aist.go.jp/geostand/igneous.html）で紹介されている。

　他にも、宇宙から飛んでくる宇宙線、大気中に含まれるラドンなどの放射性物質に起源を持つ放射線などがあり、1年間に日本人は平均して1.5ミリシーベルト程度の放射線を日常の生活の中で受けている。さらに、医療の進んだ日本では、レントゲン検査やMRI検査など、色々な医療現場でX線装置が用いられている。X線も放射線同様に人体に影響することから、放射線と同様に影響評価がなされており、日本人は1年間に平均2.25ミリシーベルトほどの放射線を医療行為により被曝していると見積もられている。

　これらの放射線被曝が、実際人体にどれほどの影響を及ぼすのかを見積もるのは大変困難である。その理由は、実験的に確かめることができないためである。その中で、世界で唯一の被爆国である日本では、国立がん研究センターが広島・長崎の原爆による

瞬間的な被曝を分析した結果によると、1,000～2,000 ミリシーベルト（1～2 シーベルト）の被曝で、ガンになるリスクは 1.8 倍高まると報告している。

　以上のように、私たちは放射線から全く逃れて生活することは不可能であり、むやみに放射線を恐れ過ぎてはいけない。しかし、放射線は実際に放射線障害を生み出す可能性も秘めており鈍感になりすぎてもいけない。放射線についてもっとよく知り、正当に怖れることが必要である。

ベクレル Bq、グレイ Gy、シーベルト Sv

　福島第 1 原子力発電所の事故以来、多くのニュースでベクレルやシーベルトといった単位がニュースで使われている。しかし、これらの単位の意味を皆さんご存じだろうか？

　ベクレルは、色々な物質が持つ「放射線を出す能力」、すなわち「放射能」を表す単位である。その表し方は、その物質が 1 秒間に何回の放射壊変を起こし、放射線を発生することができるかで表される。私たちの体の中では、^{14}C と ^{40}K と合わせて、毎秒約 6,500 回放射壊変を起こすことを説明した。これをベクレル（Bq）と表すと、私たちの体は「6,500 ベクレルの放射能を持つ」と表現できる。福島第一原発事故では、90 京ベクレル（京とは兆の 1 万倍）の放射性元素が放出されたと朝日新聞が報道している。大変な量の放射性物質がばらまかれたことが何となく理解して頂けるだろう。

　グレイ Gy は、エネルギーを持つ放射線が物体に当たったとき、放射線がその物体に与えたエネルギー量を表し、1 キログラム当たりのジュール（J）で表したエネルギー量（J/kg）で表記される。

カロリーの方がエネルギー量として身近であるが、1カロリーは水1グラムの温度を1℃上げるのに必要なエネルギーで、1カロリーは 4.184 ジュールである。1 ジュールは 1 カロリーの約 4 分の 1 と考えればよい。

シーベルト Sv は、放射線が人に当たったときの影響を評価するための単位である。同じエネルギーでも放射線の種類によって人に対する影響は異なるし、また、人のどの部分に放射線が当たるかでもその影響の強さは異なってくる。それらをまとめて

（シーベルト）Sv＝（グレイ）Gy ×放射線荷重係数×組織荷重係数

の式を用いて算出する。ここで、放射線荷重係数は放射線の種類による影響の違いを表し、α 線は 20、β 線と γ 線は 1 の値を取る。一方、組織荷重係数は、人の組織別の影響の受けやすさを表す係数で、肺や胃・骨髄などは 0.12、食道や甲状腺・肝臓などは 0.05、皮膚や骨の表面は 0.01 などと係数が決められている。

簡単にまとめると、ベクレルは放射線を発生する能力（放射能）を表し、グレイはその放射線によって与えられる物理的なエネルギー量、そしてシーベルトは放射線が人に当たったときの人体への影響の強さを表す単位である。

放射性炭素；^{14}C

炭素の中には、非常に微量（1.2×10^{-10}%）であるが、放射性炭素 ^{14}C が含まれており、その半減期は 5,730 年である。地球の年令は約 45.6 億年であるので、^{14}C のような短い半減期の放射性元素は、すべて放射壊変をして地球上から失われていてもおかしくない。しかし、現在も存在しているのは、放射壊変で失われる一方で生成する過程があるからである。

宇宙からも高いエネルギーを持ったα線やリチウムなどの原子核が飛んできており、これを宇宙線という。これも放射線である。これらの宇宙線は大気中の窒素や酸素とぶつかるので、地表ではあまり人体に影響を及ぼさず、年間の被曝量としては0.3ミリシーベルト程度である。一方、飛行機で高度1万メートルまで達するとその被曝量は大きくなる。日本とアメリカを飛行機で一往復すると、地表における宇宙線の年間被曝量と同じ、およそ0.3ミリシーベルトを被曝するといわれている。しかし、これは、胃部X線検査では約2.7～4.0ミリシーベルト前後（放射線医学総合研究所）であることを考えれば、大きな健康被害につながる可能性は低く、飛行機に乗ることを怖れる必要はない。

　高エネルギーの宇宙線が大気中の分子と衝突すると、電子やガンマ線、中性子などを生成する。これらは二次宇宙線と呼ばれる。二次宇宙線のうち中性子が大気中の窒素と衝突し、陽子をはじき出すことにより放射性炭素 ^{14}C が生成すると考えられている。常に宇宙線は降り注いでおり、^{14}C が次々と生み出されるため、半減期が短くても無くなることはないのである。

　この ^{14}C を利用した年代測定法は、古代人の人骨や土器に付着している炭などの年代決定等に利用されており、考古学分野では重要な年代測定法とされている。

Chapter 13 技術革命！宇宙空間は偉大な食品工場 !?

●大気がない！

　私たちの地球では明るい昼があり、暗い夜がある。明るい昼があるのは、太陽が近くにあって明るく照らしてくれるから、だけではない。確かに太陽は明るいが、回りを明るくしてくれているのは大気が存在するからである。大気によって太陽光が散乱するため、回り全体が明るくなるのである。もし大気がなければ、太陽はその大きさに対応する円形の部分だけが明るくなるだけで、その周囲の空は暗いままとなる。つまり、夜に見られる星と同様に大きな星として輝くだけである。ただし、太陽光に照らされた地上の物体は太陽光を反射してよく見えるだろう。

　では、宇宙空間ではどうかというと、そこにはほとんど物質（大気を含む）がないので、上で述べたように大気のない地上と同様に、点状に輝く星（太陽も）だけが光を放ち明るく、それ以外の空間は真っ黒となる。とはいってもやはり、太陽は非常に明るく輝いているので宇宙空間に物体があれば、それは太陽光を反射してよく見える。

●寒い！ そして熱い！

　太陽からの光が届く空間にある物体は太陽からの放射熱を受けるが、太陽の暖かさを伝導する物質（大気）はない。そのため、宇宙空間は極低温（マイナス270℃程度）の世界になる。つまり、私たちが宇宙空間に露出されると、いきなりその極低温の世界に

さらされることになるので、非常に寒い（こんな表現では表せないくらい寒い！　はず）と感じる。

その一方、地球近くの宇宙空間では、太陽からの光（赤外線）が放射されている。日の当たる物体表面は、およそプラス120℃にまでなる（ただし放射熱の吸収と放射のバランス＝材料の性質により異なる）。同時に日陰は極低温のままだから、宇宙に出て行く機械も人もこうしたとてつもない寒暖差に耐える必要がある。

◉大気圧もない！

宇宙空間に大気がないことから大気圧もない。すなわち、私たちの体を外側からまんべんなく押さえつけている圧力がないのだ。地球上では、ほぼ1気圧＝1013 hPa（ヘクトパスカル）の大気圧があり、私たちの体を上から圧迫している。もっとも、私たちの体も1気圧の圧力で押し返しているので、つぶれることは無い。

また、すでに述べたように小さな大気圧は、人間だけではなく、生物にとっては好ましくない。低気圧、低酸素のため、高山病という病気になるのだ。また、水の沸点が下がり沸騰するお湯の温度が低くなる。高地で料理をすると、材料の芯まで火が通らないということがあり美味しく作ることもままならない。チベットでの調査の時、インスタントラーメンが、芯が残ったまま茹で上がったが、久しぶりに食べた温かいラーメンはとても美味しかった。今でもその記憶は鮮明に残っている。

大気圧のない宇宙空間では、ダイビングの急浮上で起こる肺の

膨張や低い温度での沸騰といった現象が極めて劇的に起こる。私たち人間が宇宙空間に露出されれば、それらの現象により、皮膚や筋肉の軟組織だけでなく骨などの硬組織も体内の気体の膨張や水分の沸騰によって粉々に飛び散ってしまうだろう。考えただけでもぞっとすることが起こると予想できる。月面に降り立ったアポロ宇宙船の飛行士やスペースシャトルで船外作業をしている宇宙飛行士は宇宙服を着用していたが、宇宙服はこういった宇宙空間の悪環境（大気および大気圧の不在や極端な温度差）から身を守るように設計されたものである。

Coffee break

大気圧と水圧

こんな話を聞いたことがあるだろうか？ 約 10m の深さの水の中では、大気圧に加えてほぼ 1 気圧分の水圧がかかる。これは、1 気圧は水柱にして約 10m、水銀柱にして約 0.76m にほぼ一致するか

らである。今、水深約 30m の所に潜行した人の体には約 4 気圧の圧力がかかる。その場合、空気を取り入れる肺にも、同様に 4 気圧の圧力がかかることになる。空気のボンベを背負ってダイビングする時には、周囲の水圧と同じ圧力で肺に空気が送られる。そうなるように、ボンベに接続されたレギュレーターと呼ばれる装置が働いているからだ。そうしなければ肺が収縮したり、膨張したりして、命に関わるのである。ダイビングのライセンスを正式に取得しようとすると、ボイル（・シャルル）の法則を学ばされる（私の場合は実際にそうであった！）。さらに、「水の中から急浮上（速い速度で浮上すること）をしてはいけない。そうすると肺が急激に膨張し、肺内の組織が壊れるから」と強い指導を受ける。

ボイル・シャルルの法則

ボイル・シャルルの法則は気体の圧力（P）、体積（V）そして温度（T: 絶対温度）の関係を表す法則である。つまり、一定量の気体については、「（P × V）/T ＝ R の関係があり、温度が変化しなければ、圧力（P）と体積（V）の積は常に一定である」という意味だ（R は気体定数 [8.31J/（mol・K）] と呼ばれる定数である）。つまり、圧力が上がると気体の体積は収縮し、逆に圧力が下がると気体の体積が膨張するという関係を表している。

◉重力もない！

かつてのスペースシャトルや現在の国際宇宙ステーションの内部は無重力もしくは微重力の状態となる。宇宙ステーション内部で気持ちよく浮いている宇宙飛行士の映像を見たことがあると思うが、多くの人が一度は経験してみたいと思う体験であろう。しかし、見た目には楽しそうでも、体の中では種々の異変が起こっ

ている。私たちの体はほぼ地表における $9.8m/s^2$ の重力加速度の環境に適応している。そういった重力環境の中で心臓は血液を体中に送り出している。また、骨格はその重力に耐えられるような強度で作られている。聞いた話だが（当たり前か！?）、食べ物を噛んで飲み込むという、何の変哲もない日常の行為も無重力環境では簡単ではないらしい。そのような意外なことが他にもたくさんあるのだろうと予想できる。このように、無重力の状態はこれらの人体機能を狂わせるし、長く宇宙空間に滞在しているとそれら機能が徐々に失われていくことも考えられる。現在、宇宙ステーションに滞在している宇宙飛行士は、宇宙での長期滞在が人体に及ぼす影響に関する研究（人体実験）の被験者でもある。

●宇宙空間環境を使用する

　ここまで述べてきた、大気および大気圧の不在、極低温そして無重力といった宇宙空間環境は皆さんの多くにも想像できたのではないかと思う。しかし、これらの環境は地球上では極めて再現しにくいことは明らかである。だから、これらの環境を逆手にとって有効に利用できないだろうか？　もちろん、そのような環境利用をすでに誰かが考えていることは容易に想像できるし、場合によってはそんな大変なところまで行ってすることでもないと考えられているものもあるだろう。しかし、ここでは敢えてそういった宇宙環境を利用できそうなものを挙げてみたい。

●極低温と高真空を利用する

　フリーズドドライという言葉を聞いたことがあると思う。これは日本語では（真空）凍結乾燥と言う。[漢字は本当に有り難い、

外来語を漢字に直すだけでだいたいの意味が想像できる。この言葉はまさにそのような言葉である。］フリーズドドライは、例えば食品などを氷点下の温度で凍らせたまま、高い真空の環境下で昇華脱水する技術のことである。昇華とは固体が液体という状態を経ず気体に変わる現象のことで、昇華脱水とは氷がいきなり水蒸気に変わり、食品から水分が抜けることを意味する。液体の水が沸騰して気体の水蒸気に変わることと結果的には似ていて、最終的に食品は乾燥する。このような処理で、カップ麺や、現在では穀物、野菜、そしてキノコなどの色んな種類の食品に適用されている。この処理を経ることで食品は長期保存が可能になり、利用したいときに水もしくはお湯を加えるだけで食べることができる。

　このフリーズドドライ処理をするためには極低温と高真空の環境が必要だということは上記の説明で理解できたと思うが、この環境は宇宙空間の環境そのものである。フリーズドドライ処理をしたい物（食品や生体）を宇宙空間にさらせば、直ちに乾燥させることができる。ただし、食品工場で行うように、その環境下へのさらし方を工夫しないと、食品や生体が急激な沸騰もしくは昇華（内からの水蒸気吐出）によって粉々になってしまうだろう。その点を考慮した改良が必要となる。

offee break

ミイラ

　ミイラは人を死後に乾燥保存したものであるが、さすがにこれはフリーズドドライで処理されたのではない。エジプトや中国内陸部の乾燥地域だからこそ、きれいな状態のままミイラが残っている。

ちなみに、日本の古墳には石室があり、その中に石棺がある。その石棺には死んだまま何の処理も施していない天皇や豪族の遺体が安置されたはずである。しかし、現在その遺体のほとんどは発見されない。日本は湿度の高い国土なので、遺体や天然素材で作られた衣服がバクテリアなどによって分解され、残りにくいためである。宇宙空間では、こういったミイラもちょっとした工夫でたやすく作ることができるだろう。また、後に、ミイラからさも生きているような遺体を復元したければ、お湯をかければいいのだ（冗談！）。偉大な人物や大金持ちの人たち向けのビジネス（永久保存可能なミイラ制作業）になるかもしれない・・・、いや、宇宙空間まで行ってそんな大層なことはしないか！！

●無重力を利用する

地上では、塗装、蒸着（じょうちゃく）および混合などの作業や処理は重力の存在下で行われる。ペンキを壁に塗るという作業では重力の存在を考えていないと、液だれや斑（ムラと読む）ができ、見た目が美しくはならない。蒸着とは、金属などを蒸発させ基盤表面などに付着させる表面処理や薄膜形成の手法である。これも地上では重力の存在を考慮しないとうまくできない。混合という処理においても、混合物に密度差のある場合には、液体中で密度の大きな物が先に沈んでいくためうまく混ざらない。しかし、これらの作業や処理を無重力下で行うことで、均一な塗装、蒸着そして混合が可能になる。こういった無重力下での実験はスペースシャトルや、日本では自由落下装置を持つ地下無重力実験センター（JAMIC：The Japan Society of Microgravity Application）ですでに行われている。このように、宇宙空間の無重力環境が新しい

材料や技術の開発に利用されているし、今後はもっと利用されるようになるだろう。

●もっと危険な宇宙空間環境

以上で述べた以外にも宇宙空間にはもっと危険な状況がある。それは、すでに述べた太陽風（陽子と電子のプラズマ流）をはじめとする宇宙放射線である。太陽風の脅威についてはすでに述べたが、大気と地球磁場のバリアのない宇宙空間ではもろにこれらを浴びることになる。宇宙服はそういった太陽風のような粒子流や紫外線、X線やγ線などの電磁波を防ぐ働きも持っているが、十分ではない。宇宙空間での生活には地球上ではあまり心配しないで済んでいる、こういった宇宙放射線対策も必要となる。

スペースシャトルや宇宙ステーションの宇宙船内での宇宙生物実験では、宇宙放射線による突然変異、染色体異常、細胞死やDNA損傷の発現率変化を、ショウジョウバエ、バッタの卵や大腸菌などを使って調べている。予想される通り、宇宙空間（宇宙船内部）ではショウジョウバエの幼虫の死亡率が増大したり、バッタの卵のふ化率が低下すると報告されている。こういった実験は、将来宇宙で人類が生活していくときのための基礎実験と位置づけられているようだ。すでに述べたように、私は人類が宇宙に生活基盤を移し、展開していくことは、資源という面から見て無理だと思っている。だから、こういった実験は、地球上で過去に起こってきた「生物の絶滅と進化」の原因を明らかにするために極めて重要な実験であり、そのために実施しているのだと考えたい（「**地球磁場が生命を守る！ 有り難い地球磁場！**」の章を参照）。

●太陽風の利用

　生物にとっては有害な宇宙放射線も考えようによっては人類のために役立ちそうだ。生物に害を及ぼすほどのエネルギーを持っているのだから、そのエネルギーを人類が利用できるように変換できれば、大きなエネルギーを取り出せるだろう。太陽風は陽子と電子の電気的な性質を持つ粒子からなり、秒速平均500km程度の高速で運動しているため運動エネルギーを持っている。ひたすら太陽から大量に放出されているこの太陽風のエネルギーを見逃す手はないだろう。ある特殊なテクニック（私には知恵がない。工学系の研究者に考えてもらいたい。）で太陽風の電気的性質や運動エネルギーから、電気的なエネルギーを効率よく取り出せればしめたものである。つまり、新しい発電法として、クリーンで半永久的な太陽風発電が実現するかもしれない。

　また、海上の帆船は風（大気の流れ）を受けて進むが、宇宙空間では、太陽風や太陽光を受けて進む太陽風もしくは太陽光帆船も実現可能ではないだろうか。2010年5月21日、独立行政法人宇宙航空研究開発機構（JAXA）が小型ソーラー電力セイル実証機"イカロス（IKAROS）"を打ち上げた。これは、太陽風ではなく太陽光を受けて帆船が加速する実験と、薄膜状の太陽電池の発電性能実験などの目的のために作られた宇宙帆船である。打ち上げ後、1辺約14mの正方形の帆を無事に拡げ、太陽光による光子加速が達成できていることが確かめられている。しかし、まだまだ発電性能などの問題点も多いようで、実用化に向けては解決しなければならないことが多く残っているようだ。詳しくは、宇宙航空研究開発機構のHP（http://www.jspec.jaxa.jp/）をご覧頂きたい。そうすれば、最新の状況を知ることができる。

すでに述べたように、宇宙空間は無重力で摩擦となる大気もないから、宇宙船に一旦速度を与えれば、新たな推進エネルギーがなくても進んでいく。だから、イカロスの様な太陽光（風）帆船を考える必要もないように思うかもしれないが、常に供給される太陽光（風）をうまく利用する帆船は方向転換も加速・減速も自由自在にできると思う。さらに、同時に宇宙空間での太陽光や太陽風による発電技術を開発できれば、帆船内の電気機器を半永久的に動かすことも可能となるだろう。工学研究者が太陽光（風）発電と太陽光（風）帆船を実用化してくれることを心から願っている。その時には、ギリシャ神話に出てくる韋駄天イカロス^(注)の様に、宇宙空間を自由に移動する現代の"イカロス"が誕生することになる。

（注）ギリシャ神話のイカロスは、父親の忠告を無視し空高く飛んだために翼を太陽に焼かれて海に落ちる。ギリシャ神話のようにならないことを期待しているが、どうしてこの名を冠したのだろう？　知っていて名付けたのか？　それとも知らずに…？

●宇宙空間とのエネルギーの出し入れ

　地球は宇宙空間に対して開放系になっている。開放系とは、宇宙空間とエネルギーや物質のやりとりがあるという意味である。宇宙からやってくるエネルギーのうち最も多いのは太陽からのエネルギーで、それは光としてやってくる。太陽光エネルギーは昔から途切れることなく地球に届いているが、地球から逆に宇宙空間へのエネルギーの放出がなければ、地球はどんどん暖まり、生物の棲息できない天体になってしまう。太陽光エネルギーは植物の光合成に利用されたり、地表に降り注ぐ。地表へ届いた太陽光（可視光）エネルギーは赤外線もしくは遠赤外線としての熱（エ

ネルギー）に変換され、地表から大気へ、そして大気から宇宙空間へと放出される。海洋などの水が水蒸気になり、雲を作り、そして雨になって降る過程はこの熱エネルギーを地球外の宇宙空間に放出する働きとしてとても重要である。このような地球への入力（太陽光）エネルギーと地球外への出力（熱）エネルギーがほぼ等しいために、地球は長い期間、わずかな変動はあるものの安定した気候状態が続き、その中で生物が進化してきた。

◉少しずつ太る地球

　エネルギーの出し入れだけでなく、物質に関しても出し入れがある。宇宙空間には隕石や、流星の原料である宇宙塵が存在する。彗星が通過した空間には彗星から分離した宇宙塵がたくさん残される。地球は太陽回りのほぼ同じ軌道をぐるぐる公転しているので、ある彗星が残した宇宙塵の帯を年に1回通過することになる。この時、宇宙塵は大気圏内に高速度で突入し、大気との摩擦によって燃え尽きる。これが流星という現象であり、いつも同じ時期に流星群が観察できるのはこのためである。燃え尽きず地表に降り注ぐ宇宙塵や隕石の総量は年間で100トンにも及ぶと試算されている。つまり、これらだけを考えれば地球は年間約100トンずつ太っていることになる。

　一方、地球からは大気のうちの軽い気体が徐々に失われているだろうし、人工衛星が宇宙空間に届けられ、任務遂行後は廃物として宇宙空間に捨てられている。これらの地球から宇宙空間に捨てられた物質を宇宙ゴミ（space debris）と呼ぶが、年間どの程度地球から出て行っているのか定かではない。だから、地球の物質収支は正確には分からない。これらの宇宙ゴミや隕石は宇宙ス

テーションや新たに打ち上げられる宇宙船にとっては障害物として極めて危険な存在（高速で動いているため破壊力が大きい）なので、北アメリカ航空宇宙防衛司令部の宇宙監視ネットワークなどが常に監視をしている。宇宙空間にはそういった危険な状況もある。

Chapter 14　**水の中の素晴らしい生態系**

●バイオスフェアⅡ計画

　バイオスフェアⅡ計画というのをご存じだろうか？　人工的に温度や湿度などがコントロールされた建物の中に、海、砂漠、熱帯雨林、サバンナ、そして沼地を再現し、その中で人間が建物内の動植物と共に長期間生活していけるかどうかを調べる実験であった。将来、人類が地球上に住めなくなったとき、人類が自然をコントロールし生き延びられるかを調べる実験である。1991年9月に男女総勢8名がその閉鎖的な建物の中での、当初予定2年間の自給自足生活を始めたが、大気中酸素の減少と増加する二酸化炭素濃度のコントロールに失敗し、計画は中断してしまった。原因は、異常発生した土壌中の微生物であるバクテリアによって酸素が大量に消費され、それに伴って二酸化炭素が増加したためであったといわれている。その他にも人間関係に関わる問題も生じたらしく、閉鎖系での、ストレスのない人間関係構築の難しさも露見した。

　以上の実験でも判明したように意外にも、私たちの住む地球では微生物が重要な（重大な）働きをしている。生態系のピラミッドを描いたときの底辺にいる生物が微生物であるが、底辺部がなくなったピラミッド（地球）では上位に位置する植物も動物も生きられなくなってしまう。ある種類の微生物は地球上の老廃物や排泄物を分解し、他の微生物や植物が利用できる栄養に変えている。上のバイオスフェアⅡ計画は、こういった微生物の働きをしっ

かり考えていなかったために失敗したと言える。

◉ミニ地球

　以前「ミニ地球」と称する製品（おもちゃ）が売られていた。プラスティック球体の水槽の中に水、底砂、水草、そして生きたメダカが入っている製品であった。目に見えるものはそれらであったが、実はこの球体の水槽の中には何種類かの微生物＝バクテリアが棲みついていたのである。あるバクテリアはメダカが排泄する糞に含まれるアンモニアを亜硝酸に変える働きをし、さらに別のバクテリアは亜硝酸を硝酸イオン（最終的には硝酸塩）に変える働きをする。これらを硝化バクテリア（硝化細菌）と呼ぶが、このように生物にとって有毒であるアンモニアを硝酸塩に変え、最終形の硝酸塩は植物（水草）の栄養となる。

　この「ミニ地球」の生態系にかかわっているもう１つの要素を忘れてはならない。それは太陽光である。太陽光は水草の光合成

に利用され、水中の二酸化炭素が酸素に変わる。このように水草もまた、硝化バクテリアの作った栄養（硝酸塩）と太陽光のエネルギーを利用しながら、動物（メダカ）の住める環境作りに寄与している。これらの過程は地球上で生態系が行っている過程と同じであり、この小さなプラスティック球体とその中の環境が大きな地球とその環境を再現していることになる。しかし、地球上にはもっと複雑な生物学的な営みがあり、それらがバランスよく機能して地球の環境は安定に保たれてきたし、これからも保たれていくだろう。どちらにしても、「ミニ地球」は普段あまり注目されない微生物＝バクテリアの寄与を考えられる良いおもちゃだった。

●家庭で再現できる地球の営み

「ミニ地球」という製品の話で気付いたように、水槽で魚を飼うということは大きな「地球環境」を考えるときのアイディアを提供してくれる。私は、今から30年ほど前に第一子が誕生し、「その子のために」と理由を付けて金魚を飼い始めた。それから始めた魚を飼うという趣味はどんどんエスカレートし、次には熱帯魚、海水魚、そしてとうとうサンゴの飼育をも経験した。その中で分かったことは、やはり微生物（バクテリア）の存在の重要性であり、それらが存在しなければ、それより高等な魚やサンゴは死んでしまうということである。言い換えれば、魚飼育の成功の秘訣はバクテリアの飼育に成功することである。

また、安定した環境の水槽であっても、ある限られた水量の水槽では飼える魚の量が決まっているということも分かった。たまにペットショップを覗き、気に入った魚がいるとつい購入してし

まうのだが、新たな魚を水槽に入れると入れたのとほぼ同じ数の魚が死んでいく。それも一番弱い種類の魚が死んでいく。こういったときにはいつも、申し訳ないことをしたと感じ、自分の欲深さを後悔した。

　このことは地球でも同じで、地球に住める人間の数はある程度決まっているはずである。現在70億以上の人類が地球に住みついているが、この数は、地球上で生きていける人類の数を考えたとき多いのだろうか、それともまだまだ大丈夫なのだろうか？人類には貧富の差が歴然とあり、低開発国では十分に食べられない人達が多くいる。そういった人達が先進国と同じ程度に豊かになったときには、90億という数字はとてつもなく多いのだと思う。つまり、先進国である私たちの生活は、多くの人達の十分ではない生活という犠牲の上に成り立っているのだと思う。このように、水槽で魚を飼うということで「地球のこと」を考えることができるのだ。是非、皆さんも魚飼育を始めてみて欲しい。

世界の人口増加率

　2016年の統計によれば、その年の世界人口は74.3億人、年平均増加率は1.2％である（国連人口基金東京事務所「世界人口白書2016による）。この人口増加率を将来に亘って適用して人口動向を計算すると、2041年、すなわち約25年先に世界人口は100億人を突破する。さらに倍の200億人に達するのは2100年、すなわち約85年先となる。ちなみに500億人を突破するのは、2176年、すなわちたった160年ほど先の未来である。世界人口がこの調子で増加し続けるとは思えないが、こんな勢いで世界人口は増え続けて

いるのである。

　世界には毎日の食事を十分に摂れない人々がたくさんいる。世界銀行の 2015 年の統計では、1 日 1.90 ドル（アメリカドル）未満の生活をしている最貧困人口は約 7 億人と推定している。上で示した将来の世界人口動向と最貧困人口の現状の両方を考慮すると、すでに地球には人間が多すぎるのではないだろうか!?

Chapter 15 いずれ、人類は絶滅する!?

●生物絶滅の歴史

　過去に遡って、いろんな名前の付いた時代があることはすでに述べた。生物が爆発的に誕生した約5億4千万年前のカンブリア・ビッグバン以前を陰生代（生物が稀であった時代）と呼び、それ以降を顕生代（生物が豊富にいる時代）と呼ぶが、顕生代には古生代、中生代、そして新生代という大きな時代区分がある。さらにその中には、石炭紀（古生代）、有名な恐竜映画（ジュラシックパーク）で有名になったジュラ紀や白亜紀（ともに中生代）などといったもっと小さく分けられた時代が存在する。これら時代の境界（ある時代の終わり）ではある種類の生物が絶滅している。つまり、時代の境界は生物の絶滅したタイミングに対応している。というか、生物絶滅のタイミングに基づいて時代区分が定義されてきたのだ。このような地球上の生物の絶滅の歴史、すなわち生物の移り変わりがあったことを理解すれば、やはり生物の一種である人類が絶滅することも避けようがない、ように思える。

●生物の絶滅と進化

　ある種の生物の絶滅は別種の生物の進化と繁栄を意味している。中生代末には大型爬虫類である恐竜が絶滅した（その他にも、アンモナイトなどの有名な生物も絶滅している）。そして、新生代になり哺乳類が進化・繁栄する時代がやってきた。哺乳類は中生代にはすでに誕生しており、次にやってくるはずの繁栄の時代

を、恐竜という恐ろしい存在に脅えながらじっと待っていたのである。言い換えれば、恐竜が絶滅したおかげで哺乳類繁栄の時代を迎えることができた。このように、地球上では、種々の何らかの原因により、大規模な絶滅が繰り返されてきたが、その絶滅後に新しい種の生物が進化・繁栄するというように、連綿といろいろな生物が生き続けてきているのである。

● **人類の絶滅？**

では、人類が絶滅するとすればどのような原因によるのであろうか？　白亜期末に恐竜が絶滅した原因と考えられている「隕石衝突」もしくは「活発化した火山活動」のようなカタストロフィックな（破局的な）できごとに伴う環境変化によるのだろうか？現在、人類は太陽系内にあって地球のごく近傍まで近づいてきそうな天体（小惑星：木星と火星の軌道の間の空間に多数存在する）のリストを作り、常に監視している。もしそれらの天体が地球に

向かってきそうなときには事前に核弾頭などで破壊するという計画も持っている。また、火山についてもその監視システムは十分ではないが、事前に噴火の可能性を言及できる状態にまでなっている。その他、地球温暖化に伴い増加すると考えられている、ウイルスを原因とする疫病なども人類絶滅の原因になる可能性を持っている。もしくは、現在私たちは氷河期という時代の中の間氷期に生きているが、いずれ訪れる氷期という寒い季節を生き延びることができないのかもしれない。さらに、以上のような突発的（破局的）なできごとや自然環境の変化といった原因だけではなく、人類自身が作り上げた技術（例えば、核兵器や原子力）も人類を絶滅させるのに十分な脅威となっている。

◉人類の叡智？

しかし、人類は、人類の多くに被害をもたらしそうな、先に述べたような原因の多くをすでに把握しているのだ。事前にわかっているのであるから、人類の知恵によってそれらの問題を回避できそうに思えるのだが、残念ながらそれらの危機に関して人類がどれくらいまじめに対応しようとしているのか、よくわからないのが現状である。最近大きく取り上げられている「地球温暖化」に関しても、その原因として最も有力な「化石燃料消費に伴う大気中二酸化炭素濃度の増加」がどれほど真摯に受け止められ、解決されようとしているのか理解できない。また、資源枯渇に対処するリサイクルやリユースについても、いろんな場面で叫ばれているにもかかわらず、その本質を理解し、真剣に行われているようには思えない。これらのことは「政治がどうのこうの」というレベルでそういっているのではない。人類1人ひとりが、そういっ

た問題の本質と解決の重要性を理解して、何らかの行動をとっているのかということである。

　そういった人類の今の状況も、自然の中の「生物としての人類」の所業だと考えることもできる。だから、「このままでいい。このようなのんびりとした、他人事のような問題解決法でやっていけばいいのだ」という考え方もできる。ただし、この考えの根底には、「人類は地球上の生物の一種であり、これまでの生物と同じようにいずれ例外なく絶滅する」という避けられない将来があることを覚悟していなければならない。

リサイクルは無駄！

　リサイクルという取り組みを聞く度に、私は「止めた方がいい！」と言いたくなる。リサイクルを行うために、新たな資源が使われるからである。例えば、1本のペットボトルをリサイクルしたペットボトルから再度作るより、原材料である石油などから作る方が安くてすむのである。では、ペットボトルを回収して、きれいに洗って再利用（リユース）したらどうだろう？　ある試算によれば、回収、運搬、洗浄などの諸過程を経る間に費用がかかり、結局ペットボトル1本の再生に、石油から作る場合の3倍の費用がかかるのだそうだ。こういうことがあるので、ペットボトルのリユースやさらに費用のかかるペットボトルからペットボトルへの再生ということは行われない。何か別のもの、例えばTシャツや手提げカバンなどに加工されるようである。こうしてペットボトルからできた別の製品もコストが高くなり、石油から作られるときより多くの費用がかかる（より多くの資源が必要となる）。

　以上のように考えてみると、結局リサイクルをすればするほど、

より多くの資源を使用していることになる。また、リサイクルすることで地球資源のことを大切にしているような錯覚を覚えるからさらにたちが悪い。だから、「リサイクルなんて止めた方がいい！ 地球の資源の大切さを本気で考えるのなら、簡単に再利用（リユース）できるものを使うようにした方がいい！」と思うわけだ。昔のように、ペットボトルではなくガラス瓶の入れ物にして、各家庭や各個人で再利用するようにしてはどうだろう？ 私が子どもの頃には、酒、醤油、酢、そして油などは量り売りでも売られていた。お店にそれらを買いに行く時には、家から持っていった一升瓶などに入れてもらい、持ち帰っていた。もう一度書くが、これは何も原始時代のことをいっているのではない。50年程前まではこういう生活が普通だったのだ。

　大学の「地球科学に関する講義」中に、学生達に「マイ・ペットボトル運動」を奨励している。全然取り組んでもらえないが、毎年のように私の講義を聞く学生たちには提案している。一度購入したペットボトル（もちろん、どんな容器でもいい）を自分で洗浄し、それをお店に持って行く。お店では、一定量の飲み物が出るサーバー（これも自動販売機）が置かれており、飲み物だけを購入できる。少し手間はかかるのだが、ペットボトルの無駄ははるかに減るであろう。「そんなお店はない！」と反論するかもしれない。でも、大学生協という環境問題にも積極的な組織があるではないか！ 全国の大学生協組織が本気で取り組むなら、飲料会社も動かせるだろうし、それがテストケースとなり、成功した暁には全国の一般家庭にも普及するだろう。講義で「自分のことではなさそうな（他人事のような）、また学生がまともに取り組もうと考えそうにない環境教育（地球温暖化やオゾン層破壊）」をするより、はるかに効率的で意味の

ある行動になりそうに思うのだが、どうだろう？

　まぁ、どちらにしても、「偽善者になるな！ リサイクルは止めよう！ リユースを真剣に考えよう！」

●地球を理解することの重要性

本当の意味で、人類の将来、すなわち絶滅という問題をどのように対処していくのかをまじめに考える時期にきているのではないかと思う。そのために何が重要かを考えてみると、やはり地球そのものの過去から現在までの営みと現状をしっかり学ぶところから始めなければならないのではないだろうか？ 日本における学校教育では「地球科学」がおろそかにされすぎている。私たち人類が多くの恩恵を受け、そこに棲みついているにも関わらず、地球のことを教えていないのではないか!?

物理学、化学そして生物学は文明の進歩のため大切にされ、初等教育から高等教育まで十分に学ぶ機会が提供されている。にもかかわらず、地球科学＝地学の教育機会ははるかに少ないのが現状だ。大学に入るためのセンター入試における「地学」の受験率を見れば明らかように、いかに高等学校で地学がちゃんと教育されていないかが分かる。ちなみに、2014年度の高等学校での「地学基礎」の履修率は約25%だった。大学でも、地球科学分野の講義は他の理系分野の講義よりもはるかに少ないのが現状だ。近年、若い人たちの、いや大衆の理系離れが深刻な問題とされているが、その中でも地球科学＝地学という少数派の科目はもっと深刻な打撃を受けている。学校教育の中から地球科学＝地学という学問が消え、絶滅の危機に瀕しているのだ。

人類は絶滅する!? そしてその原因となりそうな問題もだいた

い分かってきている現在こそ、地球科学＝地学という学問分野が重要で、その教育が大切なのだ。地球の営み、地球環境の現在の様子をしっかりと教育し、「地球」という大きな自然の中で人類が生きているということを大いに認識してもらわなければならない。

人類絶滅後に繁栄する生物

　私は、どんな原因によるのか予想もつかないが、人類絶滅は避けられないのだと思っている。でも悲観的にはなっていない。なぜなら、これまでの生物の歴史を考えれば分かるように、ある種の生物絶滅の後には必ず別の種類の生物が繁栄してきたからである。また、新しく誕生した生物はその前の生物よりも複雑な機能を持っており（進化しており）、環境変化に強くなっている。例えば、一般に恐竜は変温動物（体温調整のできない動物）であったと考えられているが、その後繁栄した哺乳類、つまり私たちの仲間は恒温動物（自分で体温調節のできる動物）である。このように生物の歴史は、より複雑な機能を有し、環境変化により強い生物への変化という方向に進んできている。

　そう考えれば、人類が絶滅するときには、人類の形質を引き継ぎながらも、より多様な機能を持った生物が繁栄していくだろう。他の生物とは違って、我々人類が蓄積してきた知識や知恵を生かし、引き継ぎながら繁栄する新たな生物が誕生する可能性があるのだから、何も怖れることもなく、そして悲観することもないのである。生物絶滅は新たな生物繁栄のための重要なステップである。だからこそ、地球には途切れることなく、生物が生き続けられてきている

のである。地球は本当に豊かな、素晴らしい天体なのではないかと思う。だから、地球がいつまでも生物のいる、奇跡的な天体であることには変わりはない。太陽がその寿命を全うし、赤色巨星となって地球を飲み込む（50億年先？）までは・・・・。

おわりに

　完璧なんてありえない！！　だからこそ、常に学び、常に考えていかなければならないのだと思う。地球だって完璧ではない！！　だけど、地球は人類よりは強くて、豊かで、そして優しいと思う。そんな地球の本当のことを知らない人が多すぎる。「地球に優しく！」だとか、「地球環境破壊」だとか言うけれど、地球は本当に苦しんでいるのだろうか？過去の地球環境を見ていけば、もっともっと過酷な状況があった。けれど、そういった状況を経ながら地球も、またその中に棲む生物も進化してきたし、これからも生きのびていけるだろう！！　おそらく、人類だけがセンチメンタルになり、「地球のこと」と言いながら、「人類のことだけ」を心配している。そんな誤解を解くために、地球の本当のことを知らせたい。それが、「地球科学」を学び、研究している自分に与えられた使命だと思うからだ。うまく伝えられるかどうかわからない。だけど、冒頭の言葉通り、完璧なんてありえない！！　自分の信じた方法で、自分の信じていることを率直に伝えていくしかない。そういう思いで書きはじめ、書き続けている本である。

　この本の初版が出版されてからすでに10年、増補改訂版から5年になろうとしている。その間にもいろんな災害が起こっており、

「防災・減災対策」について声高に訴えられているが、被害が小さくなっているようには思えない。災害に対する学びや備えがまったく進んでいないことを痛感している。私たち人類は、地球（自然）環境から恩恵をもらうとともに負の側面である自然災害を受ける。私たちが地球（自然）の営みをちゃんと理解し、負の側面に備えることで助かる人命や財産があるのではないかと思う。

　私たち著者はあと数年で現役の教育・研究者を終える。残りの数年間で地球に関して一般社会に伝えておかなければ、私たち著者が思っているものすべてを網羅した内容にしたいと考えてみたところ、「火山」に関する内容が抜けていることに気付いた。この増補改訂第2版は、おそらく私たち著者にとって最後の共同作業となると思う。憂いを残さないという思いもあって、山本さんに「火山」に関する章を書き加えてもらった。また、片尾さんには地震学の最近のトピックスを加えてもらった。

　これからも時間経過と共に、起こって欲しくないけれど、想定できていない大きな自然災害が起こるかも知れない。その時々、私たち著者は繰り返し「地球の本当の姿を一般の人たちにちゃんと知ってもらいたい。そして、備えて欲しい」と考えるだろう。私たち人類がこれからもこの地球上で生きていかなければならないのなら、やはり「地球の営み」を知っていなければならないだろう。そして、「地球の営みの素晴らしさ」をちゃんと知った上で、「地球の恵みに感謝」すべきだと思っている。また、時に荒れ狂う地球の営み（自然災害）とちゃんと向き合い、正しく対処していかなければならないと思っている。この本がそういった目論見を少しでも達成するために役に立ってくれればと願っている。

森永速男

　ある日、研究室の電話に出ると、「もしもし、森永やけど。今度オレ、本書くことになったし。挿絵はキミが描くと決めてんねん。共著にしてやるから早めに準備しといてや。じゃ、よろしく！」。「はぁ？、え〜っ!?」とモゴモゴ言ってるうちに電話は切れた。そう、森永先輩には頭が上がらないのだ、むかしから。そもそも大学4年生になって初めて研究室に配属され、まだ大学の研究室とはどんなところか、講義以外で教官は何をしてるのか、そもそも研究とは何か全然知らずにあてがわれた部屋でボケーッとしているところに最初に現れた院生が森永先輩だった。「今晩徹夜で測定やるけど、誰か手伝ってくれへんか？　晩飯おごったるで！」「はぁ…」「どっちやねん、やる？　やらん？　はっきりせーよ！　遅いのはウシでもすんねんど！」といきなりポンポン霰に打たれるように「研究生活」に引きずり込まれていったのだ。（つまりヒヨコの「刷り込み」みたいなもんで、本能的に頭が上がらんのだ。）森永さんはグズグズウジウジするのが大嫌い、常に緊張感漲ってる感じで、ずっとぬるま湯につかって生きてきた学生には正直言ってコワい人だった。考えの浅いヤツにはきびしく、時折後輩を試す鋭い質問が飛んでくることがある。本書にもある「湿った空気と、暖かい空気、どっちが重いか？」というのもそのひとつ。そのときは「分子量からいえば水の方が軽いですから…」とかなんとか答えたが、即「それだけでは不十分！　アボガドロ数に言及しなきゃダメ！」と一喝されたことを懐かしく思い出す。でも、こちらから積極的に接すれば手取り足取りいろいろ教えてくれるし、わからないこ

とでも一緒に考えてくれる。むろん、研究のことだけでなく遊びや趣味の面でも全力投球、バリバリ僕らをリードしてくれる。だから単なる大学の先輩なんてもんじゃなく、人生の幅を広げてくれた師匠のひとりといえる（ヨイショ）。

ということで、『地震学もできる漫画家』と呼ばれたのも今はむかし、引き出しの中で錆び付いていたペンと干涸びたインク瓶を脇にどけ、パソコンにペンタブレットを接続して現代的に作業を始めることにした。それでもなかなか作業が進まなくて、お叱りを受けることも一度ならず（進歩無いなぁ…）、結局当初の出版予定を大幅に遅らせてしまった。ごめんなさい！　本書はとてもユニークな構成で、内容は非常に幅広い分野にわたり、浅学非才の身で全体を把握するのは難しい。文章の方もさすがに私の専門の地震関連の箇所には少し手を入れさせてもらった。しかし、一部とは言え、森永先輩の文章に「赤」を入れるなんて、私もエラくなった（歳とった？）もんだなぁ、と感慨ひとしきり。

最近は、自分の指導する院生に叱言を言う口調が、かつての森永先輩にそっくりなのに気がついて、我ながら苦笑いしている今日この頃である。

増補改訂版のためのあとがき

つい昨日のように思っていた初版の発刊から早くも10年も経ってしまったことにあらためて驚いている。その間、本書の表紙などのイラストにあるスペースシャトルは引退してしまったし、政権交代したりされたりと社会の動きも慌ただしかったが、なんといっても2011年3月11日の東日本大震災は衝撃的であった。以来サイエンス面だけでも「検証」「反省」「見直し」の嵐が

吹いている。超巨大地震の影響により、日本列島は今まで経験したことの無い「大地動乱の時代」に突入したとも言われる中、西日本にも海溝型の南海トラフ巨大地震が迫り、東北の教訓を生かせるか否かの正念場を迎えつつある。

「災害は忘れた頃にやってくる」という。忘れるからやってくるのではなく、**忘れているから備えができず被害が大きくなる**のだ。仮に次の南海地震が20年後に起きるとするならば（むろん明日かもしれないのだが、、、）本書のおもな読者である若い人たちが各々職場や家庭において中核を担っている時期であろう。そういう人たちに「地球のシステム」がときにもたらす負の「恵み」である自然災害に対する意識を常に持ち続けてもらいたい。

増補改訂第 2 版のためのあとがき

現在、スロー地震は、地震学の世界でもっともホットなテーマと言ってよいだろう。なにせほんの20年前までは誰もその存在をしらなかった現象が、いきなり「目に見える」ようになったのだから、一種の革命が起きているとも言える。これまでにも取り上げるべきだったが、地震学の基礎的なところを押さえていないと説明が難しいなと、これまでは触れずにおいた。だが、スロー地震の重要性は日々増すばかりなので、そうも言っておれなくなり、今回追加させてもらうことにした。（新規書き下ろしの火山の章に比べると、継ぎ足し建て増しで雑居ビルのようになっていないか、いささか心配だが、、、、）

約50年前に地震予知研究計画を立案した大先生たちは、観測網を充実させて10年もすれば、予知の実用化に目処が立てられると考えていたと聞いている。その後、次々と新しい観測で新し

い事実がわかってきて、地震学はどんどん進歩した。だが同時に、地震予知は当初の予想に反して一筋縄では実現できそうもないこともわかってきた。スロー地震の発見とその後の研究の展開も、新しい観測が新しい事実を捉え、研究を大いに発展させる典型例と言えるだろう。いまや、スロー地震は例外的なゲテモノではなく、沈み込み帯における諸現象の「主役」は巨大地震ではなくスロー地震ではないかとも考えられるようになってきた。

　地球を扱う学問では、やはり地球を新鮮な目でよく観察することがなにより大事なのだと思う。

片尾　浩

　森永さんとは、神戸大学理学部に助手として赴任した1985年からなので、もう30年以上の付き合いになる。誕生日が数ヶ月違いの同学年という気安さから（「実は、相当な年上と思っていた···」森永談）、お互いの職場が離れても折々に連絡を取り、愚痴を言い合ったり、励まし合ったり「同志」としての付き合いをして貰っている。

　この本の著者として加わることになったのは、防災教育センターに移られた森永さんに、何かの役に立とうかと思って「福島原発事故についてまとめたパワーポイントファイル」をお送りしたところ、「放射線について書いてくれないかなぁ？」と強烈なお返しを受けたのが切掛けである。森永さんの本を汚すようなことになりはしまいかと随分と心配したが、無事出版にたどり着けて正直ホッとしている。

　「理科離れ」と言われて久しいが、地球や宇宙には不思議が一杯詰まっている。まだ解明されていないことも多い！　その不思議さを分かりやすく教えることのできる人が少ないのが「理科離れ」といわれる状況を作り出した一番の原因と思う。そのような状況で、本書が地球の不思議を分かりやすく解説する本として活用されることを切に願っている。

　私が所属する学会の宣伝であるが···日本地球化学会では小・中学校等へ講師派遣を行っている。謝金は不要で、場合によっては交通費も学会が負担している。こちらも地球の不思議を子供達に伝える一つの手段ではないかと思っている。講師一覧や申し込み方法などは、学会ホームページ（http://www.geochem.jp/

qanda/）を参照されたい。是非とも積極的に活用して貰いたいと思っている。

増補改訂第2版のためのあとがき

　平成29年9月某日、京都における3人の飲み会の席で、森永さんから「増刷するんだけど、改訂する？　火山の話が今ないんだよね？」との発言。これは、暗に「山本、書けよ。」との意味かと、お恥ずかしながら引き受けることにした。が、火山の研究は全くしてないし、雑学的なことを"少し"しか知らないのでかなり苦労した。ひょっとしたら間違っている部分もあるのでは？と戦々恐々としている。間違いがあれば、ご指摘願いたい。

　よくよく考えると、大昔、大学院に進学したのは火山を研究したかったためだった。本文にも書いたが、ちょうど大学院進学の前1979年に御嶽山が噴火し、当時の研究室が火山ガスから火山の活動を調査していたので、そのテーマで大学院に進学する事を希望していた。それが･･･今では環境化学にドップリつかることになってしまっている。人生、先は読めないですね。

山 本 鋼 志

著者プロフィール

森永　速男（もりなが　はやお）

　1957年岡山県笠岡市で生まれる。小学生の頃から星を見るのが好きで天文学を目指していたが、学力が及ばず地面を見つめる地球科学に進路変更。専門は過去の地球磁場を復元する学問＝古地磁気学と現在は＋防災教育。神戸大学の学生時代に鍾乳洞内で生成する鍾乳石や石筍を用いて過去の地球磁場を復元する研究を始めたのがきっかけで研究者をめざす。それ以降、地磁気経年変化の研究、考古遺跡において熱を受けた遺構（被熱遺構）を探す研究や中国の白亜紀古地磁気を用いたテクトニクス研究などをしてきた。趣味は「人を育てること」であり、人とコミュニケーションを持つことが日々の大きな喜びであり、相互のコミュニケーションを通して学生を教育するのを使命と考えている。1984年学術博士。神戸大学大学院自然科学研究科助手、兵庫県立大学大学院生命理学研究科准教授を経て、現在、兵庫県立大学の大学院減災復興政策研究科及び防災教育研究センター教授として、地球の営みが自然災害となるメカニズムや防災教育・ボランティア育成の意義について考察し、広く教育と啓発の活動を行っている。

片尾　浩（かたお　ひろし）

　神戸大学漫画研究会4代目会長。理学部地球科学科では古地磁気学を専攻し、南太平洋の地磁気永年変化の研究などを行っていた。その後運命に翻弄されるまま、東京大学地震研究所（理学系研究科）に移って海底地震計による海の地殻構造探査研究に従事。長期間の研究航海にも多

く参加し、すっかり海の男になる。1988年理学博士。PD、学術振興会特別研究員を経て、1991年京都大学防災研究所助手。一転して西南日本内陸部の地震活動の研究で飯を食うことになる。現在、京都大学防災研究所地震予知研究センター准教授。

山本　鋼志（やまもと　こうし）

　1956年愛知県岡崎市で生まれる。小学生の頃から先生になることを目指し、無事、愛知教育大学（化学科）に入学する。しかし、教員採用試験の壁を乗り越えられず、名古屋大学大学院に進学し地球化学の研究を始める。主として陸上に分布する堆積岩の堆積場を化学情報から推定する研究を進めてきたが、近年は化学情報から環境汚染を評価する研究にシフトしている。現在、大阪湾や三河湾といった内海域とモンゴル・ウランバートルの大気汚染の化学的評価などを行っている。1986年理学博士。1985年より神戸大学理学部助手、1995年より名古屋大学理学部准教授、現在、名古屋大学大学院環境学研究科地球化学講座教授。

JCOPY 〈(社)出版者著作権管理機構 委託出版物〉

本書の無断複写(電子化を含む)は著作権法上での例外を除き禁じられています。本書をコピーされる場合は、そのつど事前に(社)出版者著作権管理機構(電話 03-3513-6969、FAX 03-3513-6979、e-mail: info@jcopy.or.jp)の許諾を得てください。
また本書を代行業者等の第三者に依頼してスキャンやデジタル化することは、たとえ個人や家庭内での利用であっても著作権法上認められておりません。

災害多発時代の今だからこそ
地球の恵みに感謝!!
素晴らしい地球のシステム
増補改訂第2版

2008年8月8日	初版発行
2013年8月8日	増補改訂版発行
2018年2月28日	増補改訂第2版発行

著　者　　森永　速男

　　　　　　片尾　浩

　　　　　　山本　鋼志

発　行　　ふくろう出版

　　　　　〒700-0035　岡山市北区高柳西町1-23
　　　　　　　　　　　友野印刷ビル
　　　　　TEL：086-255-2181
　　　　　FAX：086-255-6324
　　　　　http://www.296.jp
　　　　　e-mail：info@296.jp
　　　　　振替　01310-8-95147

印刷・製本　友野印刷株式会社
ISBN978-4-86186-706-4 C3044　©Hayao Morinaga 2018,
　　　　　　　　　　　　　　　　Hiroshi Katao 2018,
　　　　　　　　　　　　　　　　Koshi Yamamoto 2018

定価はカバーに表示してあります。乱丁・落丁はお取り替えいたします。